ハッカーと作家

【中編小説『$\sqrt{1}$』付属】

斎藤 準

Hackers and Writers
Life with Common Lisp

SiB access

目　　次

読者諸氏への注 0

まえがき 1

第0章　口　　上 5

第1章　みんなの愛した言語 9

1.0　Lispといえば　10

■再帰再考 11

1.1　処理系　14

■Common Lisp処理系の比較 14

■CMUCL系とAllegro CLの差異 16

■Lisp教信者の分断 17

1.2　Lispの基礎　19

1.3　リスト　19

■Lispのリスト 19

■リストの作り方 20

■リストへの追加 20

1.4　コレクション　21

■ルックアップテーブル 22

■コレクションの取得 23

1.5　不　満　24

■すべて同じに見える 24

■ライブラリーの導入手法 25

■引数がFIFOの慣習 25

■情報が少ない 26

1.6　お気に入り　26

第2章　マッピング処理と高階関数 29

2.0　組み込みのマッピング関数　29

2.1 高階関数 31

■ K&R .31

■ Lispにて .33

2.2 Lispハッカー的アプローチ 33

2.3 関数と副作用 34

2.4 パイプ処理 36

第3章 マクロ .37

3.0 マクロより美味なるもの 38

3.1 データ構造 38

■ プログラミング診断室（藤原さん、ごめんなさい） .39

■ アルゴリズムを従わせる .41

3.2 人間＝コンピューターの敵 42

■ 対話型プログラム .43

■ コンピュータープログラムにプログラムを書かせる .43

3.3 Lispの真打 46

■ マクロクラブ .48

■ マクロといえば .48

■ マクロ解説といえば .49

3.4 Macro in C 49

3.5 データベース連携 50

■ 情報の一元管理装置としてのデータベース .51

■ ユーティリティー再考 .52

3.6 やりすぎ注意 53

3.7 具象と抽象 55

■ 対照的な2つの世界に属する人々 .55

第4章 Common Lisp Object System .59

4.0 オブジェクト指向 59

■ 汝、小さくあらんことを .59

■ 変化しないものは変化だけ .61

■ 再確認 .62

4.1 CLOS 63

4.2 高級言語と呼ばれちゃいるが 63

第5章 Lispの優位性 .67

5.0 クロージャーから望む風景 67

■ クロージャー理解の起 .67

■承 .68
■転 .69
■結 .70
■Judgement Day .70
■クロージャー>>>クラス .71
■クロージャー外縁部 .72

5.1 ハイパフォーマンスLisp？ 72
5.2 Lisp is simple 73

第6章 ブラウザーアプリ .75

6.0 ブラウザーアプリとMVCモデル 76

■運用構成 .76
■サーバー処理のデザインパターン .77
■予言者Graham師 .78

6.1 HTML5 + JavaScript + CSS3 79

■HTML5 .79
■JavaScript .80
■CSS3 .82

6.2 .html動的生成 83

■.html動的生成の歴史 .83
■ブラウザーアプリ界の一里塚 .85
■ .htmlファイル再確認 .86
■JavaServer Pages .87
■Ruby on Rails .89

6.3 ブラウザーアプリ適用例 90

■業務フロー統合システム .90
■伝票入力端末 .91
■ゲームなど .91

6.4 まとめ 92

第7章 Unix .93

7.0 Unix哲学 94

■類似点 .94
■相違点 .97
■My Favorite Philosophy .98
■おまけ .99

7.1 ユーモア 100
7.2 不　満 102

7.3　中締め　104

第8章　バ　グ　……105

8.0　複雑さとバグ　106

■軽く、バグの少ないコードを、短期間で組む……107

8.1　デバッグ手法　110

■『On Lisp』最大の欠点……111

■テストの自動化……113

8.2　まとめ　114

第9章　読みやすいコード　……117

9.0　個人的技能　117

■探す・書かない……117

■一貫性……118

■対称性を利用する……118

■段落……119

■データとコードの分離（D/C分離）……121

■直交性……122

■ネストを浅く保つ……123

■巧妙すぎるコードを避ける……123

■先読み効果……124

9.1　体制による支援　124

■ユーティリティー……125

■コーディングスタイル……126

■続・コーディングスタイル……127

9.2　読みにくいコード　129

■コードと文章の類似点……132

■長大な理工書……134

■プログラミング言語と自然言語……134

9.3　まとめ　136

第10章　ソフトウェア社会学　……139

■Face to Face……140

■定時出勤（・定時退勤）……141

■昼休み……142

■会議……143

■悪いニュースほど早く……143

■選択肢（恩師・中山先生の教え）……144

■ペーパーワーク……145

■ 記録を残す ……146
■ 大人の嗜み ……147

第11章　言い残し ……149

■ 適材適所 ……149
■ ペアプログラミング ……150
■ Lispペアプログラミング ケーススタディ ……151
■ 集中力 ……151
■ 髪のとんがった上司 ……154
■ 「いつLispか？」とは言うけれど ……155
■ 未確認情報 ……156
■ ハッカーと画家 ……158

第12章　〆 ……159

■ ハッカーは作家になれる？ ……160
■ 三本〆 ……163

付録A　ハッカー国憲法　hep草案 ……165

付録B　字句解説 ……169

Credits ……179

あとがき ……181

小説『√1』が奥付側から始まります。この中編小説は第六回立川文学賞で佳作となった著者の作品です。

読者諸氏への注

本書はブログ記事、あるいは、雑誌への寄稿等をまとめたものではなく、書き下ろしとして一筆の下《もと》に啓上された。したがって、章節項やコラムは独立しておらず、いくつかの裏テーマに沿うよう各所に伏線を置き、一連の物語として楽しんでいただくべく配慮されている。巻末の字句解説まで含めてネタが仕込まれているため、本編終了と同時に放り出されることのないよう。また読者諸氏におかれては、小説を読むように順を追ってあとがきまで読み進めていただけるよう、改めてお願い申し上げる。それぞれのモチーフが縒《よ》り合わさり、収束してゆくさまを、どうか見届けてほしい。

さて、本稿を川合史朗さんに下読みしていただいた際に、下記のようなご指摘を賜った。

(0) 内容が断片的すぎて、本書がどこへ導いてくれるのか道が見えにくい
(1) 筆者の語り、読者にわかってほしいこと。それらが混在していて導線がわかりにくい
(2) 内容が想定読者像から乖離している箇所が散見される

本をどう読もうが、みなの自由。「(0)」について筆者が見解を示すことは手品のタネ明かしに等しい。これを筆者の口から言わせるのだけはご勘弁。

「(1)」のような意見は織り込み済み。なにしろ、筆者はこれをかなり意図して構成したのだから。1970 年代に書かれた、とある本にヒントを得て、あえてトリッキーな体裁をとったのである。「読みにくい」「こんな書き方は邪道だ！」といった烙印を押すのも、みなの自由。「(0)」共々、好きなように受け止めればいい。

「(2)」について。本書を小説のように順を追ってお読みいただければとは申したものの、本質はあくまで理工書。読者諸氏の熟知する箇所、理解不能な箇所は斜め読みで構わない。小説が好きな人間ですら、退屈な箇所を適当に流すのだから。とはいえ本書が「適当に開き、どこから読み始めてもかまわない本」ではなく、ちりばめられた伏線とネタを拾い読みしないことには 100%楽しめないことをお断りしておく。理解不能な箇所は勉強したり、経験を積んだあとでなら、わかるようになっているはず。焦らず、マイペースで努力し、そのときどきで本書をひもとき、ご自身の上達度合いを確認していただければ幸いである。

まえがき

本書は Common Lisp（以下、「CL」の略称と併用）を主題とするものである。ただし、その詳細やテクニックを解説するものではなく、言語に関する考察や筆者自身に対する備忘録、および、ハッキング全般に言及する副読本として綴《つづ》られている。したがって想定読者は、CL ハッキングを経験し、なおかつ、CL 関連書籍を有する人としている。Lisp 経験者が少数であることは百も承知。一見《いちげん》さんお断りなどという、どこぞの料亭が唱えそうなセリフを復唱するつもりは毛頭ないし、Lisp コミュニティーに参加する方が一人でも増えればと願ってもいる。それでもなお、筆者が入門書を著さなかったのには理由がある。Lisp の入り口として最良の書がすでに存在するから。それがこれだ。

『ハッカーと画家』Paul Graham 著／川合史朗監訳

筆者が CL の門を叩いたきっかけがまさにこれだった。「CL は C 言語の 20 倍の生産性がある」「C もしくは Fortran は不完全な仕様とバグをもち、遅い CL プログラムの半分の実装しか満たさない（グリーンスパン第 10 規則）」等々、半信半疑のうちに CL ハッキングを始め、次第にそれが事実であることを筆者は実感した。

サラリーマン時代の通勤時間や、独立後のちょっとした空き時間を見計らって何度も『ハッカーと画家』を読み返した。何度読んでも、やみくもに適当なページを開いても、一度読み始めたら、やめられない止まらない。にとどまらず、ものごとの本質を鋭く抉《えぐ》る Graham 氏の視線、そして原作者と監訳者に共通するユーモラスな語り口に幾度となく唸《うな》らされたものだ。そんな優れた本と競合するものを書くのはためらわれる。また、両氏への敬意を示せるような本が書けないかとキーボードを叩いているうちに、たまさか、このようなかたちに仕上がってしまった、というのが本当のところなのである。

というわけで、本書を二人の偉大な Lisp ハッカーに、そして、Lisp を考えだしてしまった張本人、故 John McCarthy 氏に捧げます。

本書が副読本の位置づけである以上、「正読本」を想定している。本編に登場する書籍の概略を表 A に示す。

表 A　本書が想定する正読本

No.	和訳書籍名	略称	著者	訳者
0	ハッカーと画家	Hackers	Paul Graham	川合史朗（監訳）
1	ANSI Common Lisp	ACL	Paul Graham	久野正樹、須賀哲夫
2	On Lisp	OL	Paul Graham	野田開
3	LET OVER LAMBDA	LOL	Doug Hoyte	TIM 社
4	実践 Common Lisp	実践	Peter Seibel	佐野匡俊他
5	実用 Common Lisp	実用	Peter Norvig	杉本宣夫
6	Land of Lisp	Land	Conard Barski, M.D.	川合史朗
7	UNIX という考え方	考え方	Mike Gancarz	芳尾桂（監訳）
8	Life with UNIX	Life	Don Libes、 Sandy Ressler	坂本文（監訳）、 福崎俊博

また、表 A 以外にも一部内容を引用した書籍があるので概略を表 B に示す。

表 B　内容の一部を引用した書籍

No.	和訳書籍名	略称	著者	訳者
0	プログラミング言語 C 第 2 版	K&R	B. W. Kernighan、 D. M. Ritchie	石田晴久
1	エキスパート C プログラミング	ECP	Peter van der Linden	梅原系
2	人月の神話	—-	Frederic P. Brooks, Jr.	滝沢徹他
3	達人プログラマー	—-	Andrew Hunt[0]、 David Thomas	村上雅章
4	リファクタリング・ウェットウェア	—-	Andy Hunt[0]	武舎広幸、武舎るみ
5	ピープルウェア	—-	Tom DeMarco、 Timothy Lister	松原友夫、山浦恒央
6	アドレナリンジャンキー	ジャンキー	Tom DeMarco 他	伊豆原弓
7	Coders at Work	Coders	Peter Seibel	青木靖
8	7 つの言語 7 つの世界	—-	Bruce A. Tate	まつもとゆきひろ（監訳）、 田和勝
9	Team Geek	—-	Brian W. Fitzpatrick、 Ben Collins-Sussman	角征典
10	コンピュータ科学者が めったに語らないこと	めったに	Donald E. Knuth	滝沢徹他

0　Andrew Hunt と Andy Hunt は同一人物。印刷物に記載される著者名を転記したため、上記となった。

2つの表以外の書籍からの引用もある。その各々に関しては、該当箇所に説明を添えたので、ここでの紹介は省く。

本書の題名について一言。

筆者は『ハッカーと画家』を読む以前から常々、ハッカーと作家は似ていると考え続けてきた。本書においても要所要所で両者の比較について論じ、最終章でその総括をしている。異論・反論・同意など、読者諸氏の思うところがあれば、お寄せいただきたい。

第0章

口　上

「始まりの番号は1ちゃうん？」なんて声が聞こえそうだ。答えはもちろん、本書の想定読者がハッカーだから。コンピューター技術書、および IT 企業の内部文書に対して筆者は常々、いくつかの不満を抱えていた。

(0) 章節項番号がゼロ始まりではない
(1) 3 音節以上の英単語末尾「er」「or」「ry」「ty」のカタカナ表記は伸ばさず、「ar」「gy」を伸ばす（「calendar＝カレンダー」「topology＝トポロジー」等）
(2) 相関度が希薄
(3) 内容が長大

「(0)」における最大の被害者は歴史家だろう。A.D.の始まりが1年1月1日。世紀の定義に始まり、B.C.からの経過年数計算に至るまで、論理的に美しくないことばかりだ。その反省だろうか、一日の始まりは0時0分0秒である。時刻のゼロ始まりは、カレンダーで痛い目に遭った人と疑義を抱いた人の共同作業によって推し進められたのではと筆者は推測している。とにもかくにも本書はハッカーが、さらにスコープを絞ればLispハッカーが楽しめるように書いてある。本書が契機となって、さまざまな分野でゼロ始点が採用されれば、こんなに嬉しいことはない。

「(1)」の慣習は情報処理学会か電子情報通信学会のいずれかが始めたものらしい。事態をさらにややこしくしているのが映像情報メディア学会であり、論文内の当該ワードの末尾「ry」を伸ばすよう定めている。IT 関連書籍は、このアホらしいしきたりのせいで英語のカタカナ表記に一貫性を欠いている。

「header＝ヘッダ」と書くのなら「hacker＝ハッカ」では？
「error＝エラー」は2音節のため、左のとおりに表記。
「server＝サーバ」は当たり前なのに、「order＝オーダ」「paper＝ペーパ」「super＝スーパ」は筆者の浅学のためか一度も見たことがない。

Brooks 氏は『人月の神話』に言う、「コンセプトの完全性こそ、システムデザインにおけるもっとも重要な考慮点だ」と。見苦しいものを放置するなんてのは美の探究者たるハッカーのなすべき所業ではない。書籍も立派な創造物であり、ある種のデザインである。本書では一貫して一般書籍の表記法に則ることにした。

一貫性にこだわる職種はほかにもある。作家だ。借字を使う使わない。漢字にするかひらくのか、送り仮名をどうするのか。登場人物の性格や行動にブレはないか（精神分裂症のキャラクターは除く）。ストーリーの時間軸に矛盾はないか、等々。文芸は芸術職であると同時に技術職でもあるので、理知なくして良いものは書けない、というのが筆者の持論である。

筆者は記憶科目が苦手だった。それでも、どうにか学校を卒業をできたのは、ものごとを単体で記憶するのではなく、関連する事柄や類似する事項をまとめて覚える連想記憶、あるいは、語呂合わせやリズムを利用する方法をとってきたから。ひるがえって理工書を眺めると、密接に関連するはずの話題をバラバラに扱ったり、書籍としての一連の流れが整っていない印象を個人的には多々受ける。細切れにされた情報がパラパラ降り注ぐと、どうにも脳ミソに染み込みにくいのだ。

そのことを筆者に思い出させたのが『達人プログラマー』だった。同書では「関連セクション」という項目を設けて、知識同士が有機的に結びつくよう配慮されている。その方法は、筆者が英単語を覚える際におこなっていたのと全く同じものだったので、本当にありがたかった。本書もそれに倣い、どの項番同士が相関関係にあるのかを記載したり、ちょっとした小ネタを交えたりして、内容を読者諸氏の記憶に長く留めるよう工夫した。

最後に「(3)」について。五七五を貴ぶ国の住民であるところの筆者は簡潔な表現を好む。長編小説を読んでいてもつい、「もっとダイエットできるんちゃう？」と考えてしまう。本書には多くの引用が載せてあるものの要約の限りを尽くしたのは、偏《ひとえ》に筆者の気質に由来する。また、本書のページ数は一般的な理工書と比べてかなり少ないはず。読み返すのがラクなように書いたつもりなので、何度もお付き合いいただけたら幸いである。

コラム——凝縮

Graham 師がフランス語の授業で『レ・ミゼラブル』を扱ったときのエピソードが『Hackers』第 1 章にあります。先生・生徒双方、そのテキスト量にはうんざりだったようです。新潮文庫で全 5 冊、合わせた厚さは約 8cm。翻訳版ですら読むのが大変なのに、オリジナルとは。お疲れ様でした。

ミュージカル映画『レ・ミゼラブル』(2012 年作品、監督トム・フーパー、主演ヒュー・ジャックマン) の上映時間は 158 分。細部が原作と違っていたり、端折った部分もあるにせよ、物語というものは、ある程度まで凝縮できるものなのです。

ハッキングと文芸において「凝縮」は重要なキーワードであると筆者は考えます。本書においても何度か登場する単語なので、少し意識しながら読んでみてください。

第1章

みんなの愛した言語

Lispの核心部分は、プログラミング言語の世界においてある種の極致をなしている。

John McCarthy『LOL』抜粋

これまでに設計された最も偉大なプログラミング言語。

Alan Kay『Wikipedia』抜粋

Lispは、多くの最も才能ある同僚である人間たちが、以前は不可能だった思考を推し進める原動力となった。

Edsger Dijkstra『LOL』抜粋

Lispはプログラム可能なプログラミング言語。

John Foderaro『Hackers』抜粋

数あるプログラミング言語の中で、筆者はぶっちぎりでCommon Lispが好きだ。「あんなこといいな、できたらいいな」がサクッとエレガントにできるから。そして凝りすぎた結果、1ヵ月後のメンテナンスにおいて理解不能となる。ええんでないの、それで。痛い目を見ておけば禁じ手に通暁し、後進の指導もできるようになるだろう。良い面・悪い面の両方を知ることが中級への第一歩だ。

1.0　Lispといえば

「ご飯と味噌汁」「bread & butter」「リスト＆番兵」。「○○といえば△△」というように、この世には切っても切り離せないものがある。まずは、Lispといって筆者が真っ先に連想するものを列挙しよう。

◆再帰

番兵に辿り着くまでリストをたぐり、同じ動作を繰り返す仕組みはLispとの相性が良好だ。

Lot#00　マトリョーシカ 再帰的民芸品

◆マッピング処理

“LISt Processor”を名乗る以上、何がともあれマッピング処理。

◆高階関数

関数に関数を掛け合わせ、ラクして新たな機能を得る仕組み。

◆マクロ

抽象化の権化。Lisp系言語のパワー源。

いきなりで恐縮だけど、CLハッキングの勘所を挙げてみた。本書はLispハッカーのために書かれた副読本だから、こんな書き出しが許されてもいいはずだ。以降、上記のそれぞれについて持論を展開してゆく。

ディープな話題に触れる前にCL全体論と基礎についても少しだけ言及するつもりだ。でなければLisp初心者が、以降に示す操作例を実行できないから。第3章までは実際に打ち込みながら読み進めてほしい。本書の知識が「地に足の着いた知恵」として身につくだろう。

再帰再考

読者諸氏は「再帰といえば？」の問いに対して何と答えるのだろう。やはりフィボナッチ数列？　再帰に関するプログラミング講義では相も変わらずフィボナッチを扱っているのだろうか。ライブラリーを用いることなく、言語組み込みの制御構造と平易な数学的説明で済ませられるため教官・学生双方、さしたる苦労もなく授業を終えられるのは確かである。とはいえ、Lisp が誕生して半世紀以上経った今となっては、次の段階へ進んでも良いと思う。

「再帰といえばディレクトリ巡回」。社会に出て、面倒な雑用を押しつけられた経験をもつ者として言わせていただくなら、これを定着させたい。メリットはいくつもある。第一に実用性。雑務のみならずテストの自動化など、その適用範囲は実に広い。また、コンピューターと再帰との親和性、ライブラリーの存在と「自分では書かない」の意識づけ、システム依存という問題の提起など、ハッカーにとって重要な考え方を、たった一つの題目から一度に学べる点も大きい。

オウムガイの殻の螺《ら》旋《せん》構造はフィボナッチ数に基づいたものであり、その幾何学的優美さはサルバドール・ダリの著書『ダリ・私の 50 の秘伝』でも紹介されている。また、ヒマワリの花にも同様の性質があることが知られている。

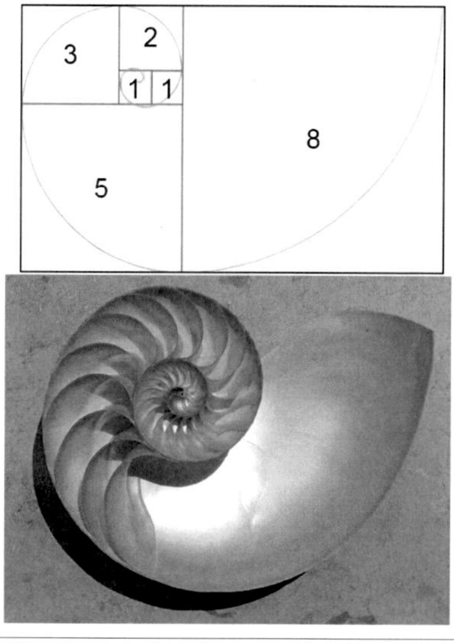

Lot#01　フィボナッチ数

```
#include <dirent.h>
#include <stdio.h>
#include <stdlib.h>
#include <string.h>

static void foo(const char *path9){
    fprintf(stdout, ”%s\n”, path9);}

static void recursion(const char *path9, DIR *dir9,
                      void (*fn9)(const char*)){
    struct dirent  *ent;
    DIR  *dir;
    char  buf[512];

    while(NULL != (ent = readdir(dir9))){
        if((0 == strcmp(ent->d_name, ”.”)) ||
           (0 == strcmp(ent->d_name, ”..”))) continue;

        sprintf(buf, ”%s/%s”, path9, ent->d_name);
        if(NULL == (dir = opendir(buf))){
            fn9(buf);}
        else{
            recursion(buf, dir, fn9);}}/* ★ここに注目★ */

    closedir(dir9);}

int main(int argc, char **argv){
    recursion(argv[1], opendir(argv[1]), foo);
    exit(EXIT_SUCCESS);  return(EXIT_SUCCESS);}/* BCC対策 */
```

図 1.0.0　再帰的なディレクトリ巡回の例

Lisp 版を掲載することも考えたが「すでにあるなら書く必要はない」の理念にしたがい、やめた。それは『実践』第 15 章にある。処理系依存、資源管理の委任（ディレクトリの open/close）、末尾再帰など、C との比較を多々論じたいところなのだが、第 1 ラウンドからラッシュするのもなんである。あとは先生方に任せるとしよう。この種のサンプルコードが情報系の教材として普及することを筆者は願う。

筆者が大学 1 年のとき、多くの授業が Pascal でなされた。以来、今日まで Pascal とは縁がなく、この先も関わることはないだろう。当時から「実用的な言語で授業すればいいのに。たいして読まない高価な教科書も買わずに済むのに」と考えたものだが、学校側にしてみれば、教えやすさを優先したのかもしれない。フィボナッチ数列に関する諸々は約 20 年を経て、このたびようやく活きようとしている、思い出のみが。無駄ではなかったけれど、よりよい講義のやり方は、いくらでもあるはず。大学は職業訓練の場。であるなら、もっと実戦に即した内容を扱うべきだ。再帰処理の素晴らしさを多くの学生に知ってもらい、どんどん活用するようになってほしい。

➡ 項番 3.4「Macro in C」（P.49）
➡ 項番 4.2「高級言語と呼ばれちゃいるが」（P.63）

コラム―「再帰」は誤訳？

本書の担当編集は翻訳者も兼ねる凄腕のひと。彼曰く、recursion を再帰と訳すのはピンとこない、とのこと。富澤氏から許諾をいただき、その見解を掲載することにしました。

re-cur は「再び流れる、走る」である。そのためには「再び帰る」のが前提とは言え、主眼は「（形を変えて）再び出発する」である。訳すとすれば「再走」だろう。再帰や帰納に比べ重厚感はないが軽快である。

コンピュータ科学が日本に「輸入」される前、recursion、recursive は数学やロジック（計算論）の世界では帰納、帰納的と訳されていた。帰納は哲学用語で、過去起きた事象から未来を推論することだ。それが数学の世界で「数学的帰納法」になる。例えば、フィボナッチ数列は漸化式 $a_n = a_{n-2} + a_{n-1}$ によって求められるが、a_{n-2}、a_{n-1} は過去の事象である。なお、漸化式は recurrent formula の訳で、コンピュータ科学の流儀では「再帰式」と訳さなければならないはず。

ちなみに、数学的帰納法は mathematical induction で、in-duction は「中へ導く」である。帰納と対比される演繹は de-duction だ。これは「2 つに分けて導く、分析する」ということだ。コンピュータ科学で言えば「二分法」「二分木」である。推論法には哲学者パースの造語で、もう 1 つ重要な ab-duction がある。これは「外へ導く」がその意味だが、「仮説検証」と訳される。コンピュータ科学ではモデリングのことだ。

コラム――名訳

今日、数年ぶりにハンバーガーを食べました。普段は全く眼中にないのに、ある日突然、無性に食べたくなるから不思議です。

数年前、某ファストフード会社のキャッチコピーに「i'm lovin' it」なるものがありました。これを初めてテレビで見たとき筆者は「なんかヘン」と思ったものですが、ネイティブ・スピーカーの弁によると、やはり彼等のあいだでも違和感を覚え、話題になったそうな。

ハマりそう。

どこの誰だか存じませんが、こう訳した方に座布団 2 枚！

1.1　処理系

一般的なLinuxディストリビューションを導入すればGCCも勝手に付いてくるため、Cハッキングはすぐできる。CygwinやMingにすらGCCが付随するため、図1.0.0のコードは多くの方にお試しいただける。

「HTML5＋JavaScript＋CSS3」に挑戦するには比較的新しいブラウザーがあればいい。どれを選んでも似たような動作をするけれど、その実、大小さまざまな差異がある。

Common Lispで遊ぶためには処理系をインストールする必要がある。対応するOSも多様なので、よほどマイナーなものでない限りは環境をいますぐ構築できる。LispはCやJavaScript（以下、「JS」の略称と併用）と同じくみんなのものなので、単一企業による独占や、独裁者による管理などという事態には至っていない。CLについてANSIが規定するのは一部であり、多くの部分が処理系任せになっている。ただし、代償もある。基本動作の確認であればどれをとっても同じだが、応用部分の差異は無視できないほど大きくなってしまったのだ。業務にCLを導入し、数年を経てから後悔する、などという悲劇が起きぬよう、本書を参考にしていただければと思う。

Unix系OSをお使いなら、なお良い。項番2.4と第7章を理解する上での一助となろう。

Common Lisp処理系の比較

> CMUCLは現在手に入る最良のLisp環境だ。──そして僅差でSBCLが続く。
>
> Doug Hoyte『LOL』付録C

2020年現在、主要なCL処理系だけで10以上存在する。あなたがLispハッカーになることを真剣に考えているなら、道具選びは慎重に。Hoyte師の意見だけでは無責任なので、筆者自身のCL遍歴、および、独断と偏見に基づく評価をしよう。

◆CLISP：星なし

会社員時代に初めて使ったLisp処理系。MS-Windowsで手軽に試せる点しかお薦めポイントが思い出せない。動作がとにかく重い。

◆Allegro CL Free Express Edition：⯨

Franz社製の無料CL。

会社をクビになり、Windowsから解放。Ubuntu Linux上でのCLを初体験。CLISPとは段違いの速度に涙した。

次項のEnterprise Editionとは異なり、一部機能が制限された無料版。Allegro CL固有機能にべったりのコードを組んでしまい、後日、痛い目を見た。

◆Allegro CL Enterprise Edition：＊

Franz 社製の商用 CL。
モダン Lisp であり、大文字・小文字を区別する。独自の正規表現ライブラリーを備えていたり、AllegroServe（Web サーバーライブラリー）の全機能を使えたりと、高価なだけのことはある。
最大の目玉はサポート体制だろう。かの John Foderaro 師にメールで質問できるのだ。ただし、師がいつまで在籍する予定なのかは不明。
重要な注意事項を。ANSI は CL に関して「名前は大文字である」と定めているため、本製品は厳密には ANSI 規格外である。

◆CMUCL：＊＊

「Allegro CL Enterprise + AllegroServe」から乗り換えるべく奮闘したものの、あえなく撃沈。PortableAllegroServe も検討したが、筆者の望む機能は得られなかった。
Allegro CL と異なる部分が多々あり、コードを大量に書き直した苦い思い出がある。
結局、AllegroServe を諦め、替わりとして hunchentoot を導入すべく苦闘したが、どう頑張っても起動させることができなかった。

◆SBCL：＊＊

hunchentoot がすんなり動いた。CMUCL からの乗り換えに伴うコード変更は少しだったと記憶している。SBCL は CMUCL からフォークしたものなので、当然といえば当然だが。

Common Lisp のデファクト・スタンダードは SBCL であるようだ。筆者は Franz 社の日本代理店が主催する Lisp ワークショップに参加したことがある。そのときの講演者の一人も Allegro CL ではなく SBCL を採用していた。余談ながら、彼は灘高マイコン部員だった。高校生にして Lisp にハマるなんざ、筆者とはアタマの出来が違うんである。あるいは誰かが言っていた「若い柔軟な頭をもってすれば Lisp なんて屁のカッパ」ってやつなのか。願わくは、本書が中学・高校の情報の授業で読まれんことを。実現すれば、Lisp 振興会広報担当たる筆者の責務をひとつ果たせたことになる。

確かに、Hoyte 師の指摘は正しい。だが、ライブラリー導入にかかる余計な手間を思えば、「寄らば大樹の陰」は戦略として間違いではないと思う。悩む時間とアタマはハッキングに割きたい。

CMUCL系とAllegro CLの差異

首題2系譜の差異について筆者の知る範囲内で紹介する。

◆シンボリック・リンク

CMUCL/SBCLはシンボリックを扱えないため、ファイルアクセスする際には注意すべし。

◆スコープ

Cヘッダーファイルにおける多重定義回避と同様の記法がCLにもある。CMUCL系において図1.1.0のような記述をすると、マクロやスペシャル変数の類が隠蔽されてしまう。

関数は問題ない。もしも下記のごときで隠蔽されるようなら、クロージャーが成立しなくなる。クロージャーについては項番5.0で後述する。

【Lisp】

```
(unless (boundp '+foo+)
(defconstant +foo+ t)   ; 外から見えない

(defmacro mac0 ( ) ...... )   ; 外から見えない

(defun fn0 ( ) ...... )       ; 関数は見える

     :

)
```

【Cでのイメージ】

```
#ifndef __FOO__
#define __FOO__

     :
     :
     :
     :
     :

#endif
```

図1.1.0　CMUCL系における隠蔽

◆シェル呼びだし

Lispに限らず、サーバーアプリのような大規模ソフトを組んでいると、処理の一部を他言語へアウトソーシングする機会が結構ある。ANSI Cの`stdlib.h::system()`のように標準化してほしい。

CMUCL：`(run-program "/bin/mv" (list "apple.txt" "banana.txt"))`

Allegro ：`(shell "/bin/mv" "apple.txt" "banana.txt")`

➡ 項番8.0::「軽く、バグの少ないコードを、短期間で組む」(P.107)

➡ 項番11::「適材適所」(P.149)

◆非同期処理の起動

ソケット監視など、これを使う機会も結構ある。ANSI C の Pthread のように標準化してほしい。

CMUCL	`(mp:make-process #'fn)`
SBCL	`(sb-thread:make-thread (lambda () (fn)))`
Allegro	`(mp:process-run-function "fin-watch" #'fn)`

◆ソケットの実装状況

CL でネットワークプログラムを組む場合には usocket ライブラリーを導入するのが一般的だ。というのも、プロトコルの実装状況が処理系によってまちまちだから。いつ改変する予定なのかすらわからない。現状は下記で確認できる。

https://common-lisp.net/project/usocket/
└Status for the currently targeted backends

処理系の数はどう考えても多すぎる。CMUCL と SBCL が再統合するという噂もあったが、実現する兆しは全くない。総計 3 つ程度になるまで統合を進めてほしいと筆者は心の底から願っているのだが。SBCL と CMUCL と Allegro CL が統合したなら三ツ星を進呈しよう。

Lisp教信者の分断

世にプログラマーは多けれど、Lisp ハッキング人口は極めて少ない。ただでさえ少数派の Lisp 教信者をさらに分断しているのが処理系の乱立である。それらの差異が微小なものであったなら、本書で紙幅を割くのは無駄であると筆者も思う。ところが、Unix 系 OS で makefile してもコトがすんなり運ばないのと同様、CL においてもライブラリーの導入やソースの可搬性に不都合が存在するため、筆者は執拗《しつよう》に言及するのである。

多様性を愛する筆者だけど、処理系に関してだけは Perl が羨ましい。それにしても、「やり方は一つではない」を標榜する Perl の処理系が単一なのは何故だろう。かの独裁者が許可しないから？　新たな処理系を立ち上げようとする人がいない？　Perl 教信者は Lisp 教信者の 256 倍は存在しそうだから、独自の処理系を実装しようと試みる人がダース単位でいてもおかしくないのだが。

CL 処理系の乱立状態を、好意的な方向へ強引に捩《ね》じ曲げて解釈するなら、各地に点在する偏狂的・偏執的超スーパー Lisp ハッカーたちが「ワシのやり方のほうがエエやろ?!」と技を競い合っている、ともとれる。なにしろ彼等はハッキング界の頂点に君臨する腕っこ

Lot#02　優しき終身独裁者

きだ。チャキチャキの江戸っ子頑固職人を髣髴《ほうふつ》とさせる。ニコロ・アマティ、アントニオ・ストラディバリウス、“デル・ジェス”・グァルネリに対して「共同制作してみたら？」と提案して袋叩きにあう筆者の姿が目に浮かぶ。

宗派統一令を発せられたであろう人物は開祖 Uncle John だけだったろう。John おじさんは宗派乱立に胸を痛めなかったの？　John おじさんは Lisp 教の勢力拡大に興味がなかったの??　John おじさん、なぜ逝ってしまわれたの???　ああ、John おじさん、John おじさん……

ここにおいて、筆者が敬意を捧げるべきもう一人の Lisp ハッカーにご登場いただこう。

彼の名は Edi Weitz。Web サーバーライブラリー「hunchentoot」、正規表現ライブラリー「CL-PPCRE」の作者にして、『LOL』項番 3.4 の献呈相手でもあらせられるグルである。あらゆる処理系の垣根を越え、迷える Lisp ハッカーたちをあまねくお救いくださる正真正銘の聖人なのだ。

CL-PPCRE について筆者は『LOL』以上にうまく語れない。それを踏まえ、あえて言うなら「百聞は一見に如かず」。読者諸氏が Lisp プロンプトを起動し自らの目で、その機能と性能を確かめてほしい。大昔に吹き込まれた「Lisp は遅い」等のネガティブな先入観をきれいさっぱり吹き飛ばすことだろう。

Weitz 師が編み出す奇跡のコードからパワーと利便性、そして、創造する喜びを享受している全 Lisp ハッカーを代表し、本書でも改めてお礼申し上げます。

コラム――Lisp 処理系

Graham 師は『Hackers』第 13 章において、Lisp の元素が`car`、`cdr`、`cons`、`quote`、`cond`、`atom`、`eq`の 7 つであることを明かしている。これだけシンプルなら処理系づくりはラクだろうから、乱立するのも無理はない。Lisp は「複雑なものは、単純なものの組み合わせとして捉える」を実践する鑑《かがみ》なのである。

1.2 Lispの基礎

本書を手に取る人なら一度くらいはLispプロンプトを立ち上げた経験をおもちだと思う。なので、項番1.4までをくどくど説明せず、軽くさらうにとどめる。

◆シンボル

シンボルとは値の格納先メモリーアドレスである。CLは動的型付けであり、マクロと特殊オペレーター以外はなんでも格納できる。なお、図1.2.0左をSBCLプロンプト上で直打ちすると警告が発せられるかもしれない。その原因については『LOL』付録Cを参照。

【Lispコード】	【左記に対応するCコード】
`(setf a 4)`	`int a = 4;`
`(setf b a)`	`int b = a;`
`(setf c 'a)   ; ここに注目`	`int *c = &a;`
`(setf d (symbol-value c))`	`int d = *c;`

図1.2.0 Lispのシンボル

シンボルをキーとする操作はアドレスの比較をするだけなので処理が高速。一方、文字列をキーとした場合は一文字ずつ比較するために処理が重くなる。

キーワード「`:foo`」は「`'foo`」と似ているが、全くの別物。Lispプロンプトで「`(eq :foo 'foo)`」と打てば一目瞭然。パッケージ空間に束縛されないため、どこからでも使える利点がある。

◆オブジェクト

Common Lispのオブジェクトには`nil`、`t`、数値、文字列、シンボル、リスト、関数等がある。

1.3 リスト

リストはオブジェクトの連鎖である。リストもオブジェクトなので、入れ子で連鎖することが可能。

第3章でマクロを解説する必要上、ジャブ程度に掘り下げよう。

Lispのリスト

Common Lispの本質的なリストには、真リストとドットリストの2種類が存在する（表1.3.0）。

表 1.3.0　Common Lisp における本質的なリスト

	真リスト	ドットリスト
書式と概要	((a b c) 5 z) 番兵がnil 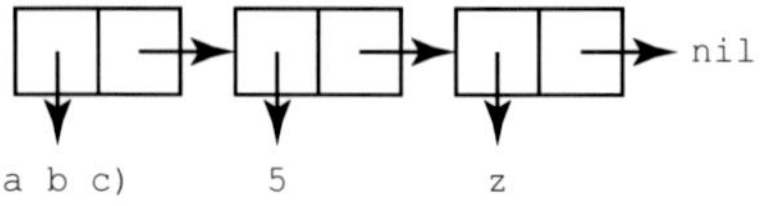 	((a b c) 5 . z) 番兵が非nil 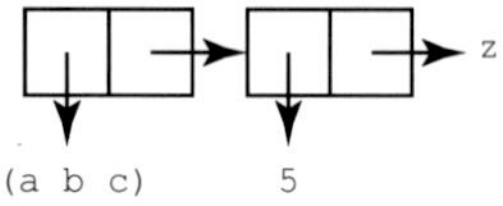
用途	汎用	主に連想リスト
備考		末尾追加は不可

要素数が2のドットリストを「ドットペア」「ドット対」と呼ぶことがある。

「car & cdr」はドット対に、真リストに対する操作には「first & rest」を用いるべき、との意見もある（『実践』項番 12.1）。Seibel 師の主張はごもっともだけど、反射的に「car & cdr」と打ってしまう。

リストの作り方

3 種類の方法がある。バッククォートは部分的評価が可能であり柔軟なため、筆者は多用している。

```
(setf lst0 (list 'a 8 'z))                ; a) 関数「list」：通常用途
(setf lst1 '(a 8 z))                      ; b) クォート「'」：
                                          ;    固定値用 → 『Land』項番7.1
(defconstant +const2+ 2)
(setf lst2 `(a ,(* +const2+ 4) z))        ; c) バッククォート「`」：
                                          ;    固定値用。部分的評価が可能
```

図 1.3.0　リスト生成操作

リストへの追加

先頭への追加が基本。末尾追加はリストを辿った上での操作であるため重い。

処理順序に準ずるリストを生成する際のお約束は「push、push、push、……」で、最後にnreverse。

表 1.3.1　リストへの追加関数

	先頭追加	末尾追加
通常	cons	append
破壊的	push	nconc

「cons」が先頭追加関数だって？　確かにconsの純然たる機能定義とは異なる。でも、

この本を手に取るような人なら先刻承知だろうし、知りたい人は勝手に自習してくれるだろうから、本書ではこれでいいのだ。

表 1.3.1 で示した末尾追加関数はいずれも番兵の追加操作である。真リスト以外のものを指定するとドットリストが生成されるため要注意。CL 組み込みのものだけでは不便なので Graham 師はユーティリティーを導入し、利便性の向上を図っている (図 1.3.1)。とはいえ、あくまで基本は「push & nreverse」だということをお忘れなく。

```
(setf z (list 0 'a 1))
(setf y (append z 'b))  => (0 A 1 . B)
(append y nil)  => エラー

(defun append1 (lst obj)  ; 『ACL』図6.1
  (append lst (list obj)))
(append1 z 'b)  => (0 A 1 B)
```

図 1.3.1　注意を要する末尾追加

1.4 コレクション

Common Lisp における最重要コレクションは真リストである。我々がハックする場合、プロトタイプの段階では、なんでもかんでもリスト処理する傾向にある。というのも、リストは極めて柔軟なので、試作とテストを速やかにおこなうことが可能だから。ヒラメキは鮮度が命。手慣れた手順にしたがって、即刻、試すのが吉なのだ。

「ひらめいたら即、実装&テスト」の意義を軽視してはならない。古人も言う「鉄は熱いうちに打て」と。最初の一歩を踏み出しさえすれば、その後の改良なんて楽勝だ。切りの良いところまで進め、ちょっと手を休めて散歩している最中に、より能率的なアルゴリズムが浮かび改良を重ねる、なんてこともしょっちゅうある。Graham 師は言う。画家もひらめきをスケッチや習作に描き散らしつつ構想を練るのだと。熱いうちに打つ鍛冶屋的アプローチ、すなわちラピッド・プロトタイピングについては項番 7.0 で後述する。

これから作ろうとしているもののイメージが固まらないうちは、やり直しが容易な媒体を使う。これは万事に共通する知恵だと思う。経験を積めば積むほど、改善案が次々と湧いてくる。ハッキングの初期段階で効率的なコレクションを模索したところで、いずれ書き直すことになるため徒労となる。労力の無駄は、まあいい。経験値として蓄積され、いつか役に立つから。しかし、時間はそうはいかない。ソフト開発現場では、時間こそ最重要資源なのだ。

コレクションの最適化、つまりはデータ構造の確定を開発終盤まで保留するのは、Lisp ならではの作法だろう。裏を返せば、それこそがリストの万能性・柔軟性の表れといえる。

我々の作法と比較できる他言語の事例をご存知の方は一報を。

➡ 項番 7.0::「類似点」(P.94)

ルックアップテーブル

ハッシュ、連想リスト（alist）、属性リスト（plist）は3つまとめて覚えよう。そしておそらく、この並びが使用頻度の高い順序だ。

(0) ハッシュ
　最も柔軟で一般的。

```
(defparameter *h* (make-hash-table))
(setf (gethash 'foo *h*) "hoge")
```

図 1.4.0　ハッシュ

(1) 連想リスト
　要素数が10を超えたらハッシュに切り替えるべし（『ACL』項番4.8）。
　参照先は事実上の固定値である。ルックアップ値を変更する場合は、更新内容をリスト前方に追加して古いものを隠蔽する。

```
(defparameter *a* (list '(+ . "add") '(- . "sub")))
(cdr (assoc '+ *a*))        => "add"
(setf (assoc '+ *a*) '(+ . "plus"))  => エラー
(push '(+ . "plus") *a*)    => ((+ . "plus") (+ . "add") (- . "sub"))
(cdr (assoc '+ *a*))        => "plus"
```

図 1.4.1　連想リスト

(2) 属性リスト
　ルックアップ用途よりも、ベクターに格納した簡易データベースとして運用したほうが使い勝手を発揮する。

```
(defparameter *p* (list :title "Hanamogera"
                        :artist "Manjimaru"))
(getf *p* :title)             => "Hanamogera"
(setf (getf *p* :rating) 4)   => (:TITLE "Hanamogera"
                                   :ARTIST "Manjimaru" :RATING 4)
```

図 1.4.2　属性リスト

➡ 項番 3.5::「情報の一元管理装置としてのデータベース」(P.51)

コレクションの取得

Lisp が進化する過程で不幸な出来事が起こり、連鎖順序「関数–コレクション–キー」が統一されない事態が出来《しゅったい》している。筆者自身、Lisp でハックしていると「順序はどうだっけ？」と混乱し、何度も書籍を確認するハメになっている。

表 1.4.0　コレクション取得関数とオブジェクトの順序

	fn - coll - key	fn - key - coll
ルックアップテーブル	属性リスト：(getf *p* :foo)	ハッシュ：(gethash 'foo *h*) 連想リスト：(assoc 'foo *a*)
非ルックアップ	nth以外	(nth 4 lst)

※非ルックアップの処理速度：svref（ベクター専用）≒ char > aref > nth（リスト専用）> elt
eltは重いため、プロトタイプでのみ使用すべき。

上記以外のコレクション取得関数としてbit（ビットベクター）とsbit（単純ビットベクター）もあるが、筆者は使ったことがない。

真リストとベクターはコレクションの中でも、シーケンスという特別な地位にある。線形をなすコレクションはマッピング処理の入出力対象となることが多いため、別格なのだ。シーケンスに関する詳細は HyperSpec::The Sequences Dictionary 項番 17.3 を参照。

以降、「リスト」という単語が出現したら、それは真リストを指すのだということをご承知おき願う。

コラム——知って得する Common Lisp 関連知識

◆検索：関数「apropos」

CL プロンプトで(apropos "fname")と入力すると、文字列と部分一致する関数の一覧が表示される。

◆マクロ展開の確認：関数「macroexpand」

定義済みのマクロがどのように展開されるのかを確認するための関数。補助系関数の使用頻度としては apropos と双璧をなす。

◆リファレンス：HyperSpec

CL 組み込み関数、マクロ、特殊オペレーターの総数は 900 を超える。これだけ多いと、やはり紙では不便。

関数「describe」「documentation」もイマイチ使えない。疑問を感じたら下記サイトへ飛べ。

http://www.lispworks.com/documentation/HyperSpec/Front/index.htm

1.5　不　満

Lispにおける筆者最大の不満は処理系の乱立だ。次点がコレクション取得関数の一貫性のなさか。それ以外にもいくつかあるので、胸をすっきりさせてから先へ進みたい。

すべて同じに見える

Lisp。またの名を「Lots of Irritating Superfluous Parentheses」。和名「やたらウザい大量のカッコ」。あらゆる記述を一様に半簡潔表記する道を選んだ代償である。これは筆者に平均律を連想させる。オクターブを$\sqrt[12]{2}$で分割することにより、あらゆる調性を弾けるようになった代償として和音の美しさを損ねてしまったのだ。筆者は第0章において「〜er、〜or、〜ry、〜tyを全部伸ばしちまえ」と主張したが、その扱い方は実にLispらしい表記法といえる。何事もトレードオフということですな。

【Lispコード】

```
(setf a (+ b c d))
(setf e (* (svref vec 53) (aref arr 4 6)))
(fn0 x)
(macro x)
(setf f (mmb stct))  ; アクセサー
(defun fn1 ( ) ...... )
```

【左記に対応するCコード】

```
a = b + c + d;
e = vec[53] * arr[4][6];
fn0(x);
MACRO(x);
f = stct.mmb;
int fn1(void){ ...... }
```

図1.5.0　単調なコードと変化のあるコード

機械と人間の相性の悪さは、ここに集約されている気がする。機械はパターン化されたものが好き、というより、コンパイラーなりインタープリターを組むのがラクになる。一方、人間は単調なものを延々と扱う状況に陥るとうんざりする。たとえ、カッコとブレイス（{ }）の差であっても「変化がある」というのは人間にとって好ましい。Clojureはベクターや引数にブラケット（[ ]）を取り入れ、Arcにおいても無名関数にブラケットを取り入れようとしている。良い選択だと思う。

カッコの好き嫌いはさておき、Lispを論ずる際に必ず付いてまわる2つの事柄について、はっきりさせておきたい。

◆プログラミング言語を関数型と手続型に分類する意味はない

◆副作用を避けるハッキングを実践すれば、どんな言語にもカッコが大量発生する

Lispはマッピング処理や高階関数、無名関数を使用する余地と機会が多いから、副作用を回避するハッキング、すなわち関数プログラミングがしやすい。その結果としてカッコが多くなってしまうだけで、Lispだからカッコが多いのではない。

もうふたつ公平を期すれば、Lisp ハッカーだって疲れて集中力が尽きると、カッコだらけのコードを追うのがいやになる。少なくとも筆者はそうだし、L. Peter Deutsch 氏も「年をとるにつれ、Lisp のシンタックスがいやになった」と明かしている。そして、大多数の Lisp ハッカーがエディターのパース機能に頼ってコーディングしているという事実。MS-Notepad しかない環境では上級 Lisp ハッカーも匙《さじ》を投げるのだ。

Lisp でも手続型言語のようなコーディングは可能は可能。逆に C だって、副作用を避ける記述はある程度可能だ（図 1.5.1）。

【手続型言語ふうのLispコード】

```
(defun fn (z y x w)
  (let (a b c)
    (setf a (fn0 z))
    (setf b (fn1 y x))
    (setf b (fn2 b))
    (setf c (fn3 w))
    (fn4 a b c)
  )
)
```

【関数型言語ふうのCコード】

```
int fn(int z, int y, int x, int w){
    return(fn4(fn0(z),
               fn2(fn1(y, x)),
               fn3(w)));}
```

図 1.5.1　スタイルの入れ替え

ライブラリーの導入手法

Lisp ライブラリーを導入するための最も普及している手法は ASDF を通じておこなうものであるが、ANSI 標準ではない。

.so 共有ライブラリーを利用するための最も普及している手法は UFFI や CFFI を通じておこなうものであるが、やはり ANSI 標準ではない。

Linux パッケージの導入手順はディストリビューション不問で「apt-get install foo」一発。

ANSI C は「#include <foo.h>」。

ANSI Common Lisp もこれらを見習い、ライブラリーの導入手法を標準化してほしい。このような瑣末なことに時間とアタマを割かせると、信者が逃げてしまう。

引数がFIFOの慣習

機能追加作業をしていて「関数やマクロの引数を前込めにしたほうが捗《はかど》るのに」と感じるのは筆者だけなのか。ショッピングサイトを見ても新製品がいちはやく表示され、最も古いものは最後尾に配される。

Graham 師は関数プログラミングについて次のように説いている。

> 命令型プログラムで最後に起きることは、関数型プログラムでは最初に起きる。だから最初の一歩は最後に行われるlistの呼びだしを掴み、プログラムの残りをその中に詰め込むことだ——シャツを裏返しにするように。そしてシャツを袖からカフスにかけて次第に裏返していくように……
>
> 『OL』項番3.2

古《いにしえ》のLispグルたちはこれを理解していながら、なぜ引数順序の慣習を「前から順にプッシュ」としなかったのかが不思議でならない。

アインシュタイン曰く「常識とは、成人までに身につけた偏見の寄せ集め」。理系の人間たるもの、しきたりや慣習、先入観といったものから自身を解き放ち、常に疑問と好奇心をもつべきだ。先人が確立したものごとや権威を無批判に受け入れる、などというのは思考停止にほかならない。

本項に関して、筆者の考えが絶対に正しい、と主張するつもりは毛頭ない。ただ、盲目的に右へ倣えをする人間が多すぎる現代社会に一石投じたいだけなのだ。

情報が少ない

Lispに対する不満ではなく、現状に対する不満である。

Lispを愛するみなさん。我々もたくさんのLisp本を世に送り、より多くの信者を獲得しましょうぞ。母数が増えれば多様な人々が交流し、いろいろな視点からLispを論じてくれるでしょう。さすれば、今まで思いもしなかったLispの使い道が発見されるやもしれません。

1.6　お気に入り

筆者がお気に入りのLisp機能を紹介しよう。

◆インターン

文字列を使ってオブジェクトにアクセスする手法。

中規模以上のLispアプリケーションでは、任意のシンボルがバインド済みかどうかを文字列を用いて確認し、その真偽によって制御を変えることが、しばしばある。

筆者がかつてCハッキングしていた折に「あればいいな」と感じていた機能だ。Lispにインターンがあることを知ったときの驚きと喜びは忘れられない。

◆関数「format」

「え？　そんなことまで！」というくらい複雑な文字列生成が可能である。関数「format」については項番3.5でも触れる。

コラム――忘れちゃならない Common Lisp 関連知識

◆「&optional」と「&key」の併用は厳禁

どのように動作すべきか規定されていないため、この挙動は不定（『実践』項番 5.6）。

◆文字列ストリーム

文字列を効率良く生成するための機能を活用すべし（『Land』項番 12.4）。

コードジェネレーターを組むケースなど、長い文字列を生成するアプリケーションに必須。

『OL』項番 4.7 のユーティリティー「mkstr」も参照。

第2章

マッピング処理と高階関数

関数プログラミングのマントラとして「副作用を極力避けろ」がある。それを体現する典型的なLispハッキングこそ「リスト入力&リスト戻しの繰り返し」、すなわち「マッピング処理&高階処理のバケツリレー」である。データの塊を加工しつつフィルターで漉《こ》し、最後まで残ったものを戻す。その間、setfなんて使わない。

有史以来、人類が組んだコンピュータープログラムはすべてフィルターである。なんらかの入力に対して、しかるべきものを出力する。マッピング&高階関数の併せ技はフィルタリングの様相を体現するものとして誠にもって、しっくりくるのだ。

2.0　組み込みのマッピング関数

Common Lisp組み込みのmap系関数は7つ存在する。使用頻度の高い順（独断と偏見）で表2.0.0に示す。

表2.0.0　CL組み込みのmap系関数

No.	関数名	概略

0	mapcar	［リスト入力、リスト戻し］関数引数の処理結果をリスト化
		`(mapcar #'vector '(a b c) '(0 1 2 3))`
		`=> (#(A 0) #(B 1) #(C 2))`

1	map	［シーケンス入力、シーケンス戻し］
		`(map 'vector #'*`
		`  #(1 2 3 4 5)`
		`  '(10 9 8 7))`
		`=> #(10 18 24 28)`

（つづく）

表 2.0.0　CL 組み込みの map 系関数（つづき）

No.	関数名	概略

2	mapc	［リスト入力、戻り値なし］dolistの簡易版
		`(mapc #'(lambda (x y) (format t "~A~A~%" x y))`
		`  '(a b c) '(0 1 2 3))`

3	mapcan	［リスト入力、シーケンス戻し］nconcで切り貼り。★★破壊的関数★★
		`(mapcan #'list (list 'a 'b 'c) (list 0 1 2 3))`
		`=> (A 0 B 1 C 2)`

4	maplist	［リスト入力、リスト戻し］restをとりながら実行
		`(maplist #'append '(0 1 2 3) '(a b) '(7 8 9))`
		`=> ((0 1 2 3 A B 7 8 9) (1 2 3 B 8 9))`

5	mapcon	［リスト入力、リスト戻し］★★破壊的関数★★ `(mapcon #'fn lst0 ...... lstn)` `=> (apply #'nconc (maplist #'fn lst0 ...... lstn))`と等価

6	mapl	［リスト入力、戻り値なし］dolistの簡易版（restをとりながら）
		`(let ((ret nil))`
		`  (mapl #'(lambda (x) (nconc ret x)) (list 'a 0 'b))`
		`  ret)`
		`=> ((A 0 B) (0 B) B)`

また、実質的なマッピング関数を表 2.0.1 に示す。

表 2.0.1　CL 組み込みの実質的なマッピング関数

No.	関数名	概略
0	reduce	［リスト入力］下記は、fnが引数を 2 つとり、値を 1 つ戻す場合 `(reduce #'fn '(a b c d))` `=> (fn (fn (fn a b) c) d)`と等価

reduceは、関数「max」を与えるとリスト中の最大値が求まるように、なにかと使う機会がある。

なお、CL 組み込み関数にmap-into、maphashも存在するが、これらはマッピング処理をしない。詳しくは HyperSpec を参照されたし。

2.1 高階関数

【高階関数】

高階関数は厳密には第一級関数をサポートしているプログラミング言語において定義されるため、一般にリフレクションなしではプログラムの実行時に動的に生成することができないCのような関数ポインタをサポートしている言語は第一級関数をサポートしているとは見なされていない。

高階関数は関数を引数にしたり、あるいは関数を戻り値とするものであり、引数や戻り値の関数もまた高階関数となり得る。高階関数は主に関数型言語やその背景理論であるラムダ計算において多用される。

『Wikipedia』抜粋

筆者はこれを読んで、まどろっこしく感じたものだ。「単純なもの同士を掛け合わせて相乗効果を得る」という本質を押さえておけば、小難しい理屈はお呼びじゃない。無数にある単純な関数を $n \times n \times n \times \cdots\cdots$ として、無限通りの処理をラクして実装するのが高階関数の眼目である。

K&R

筆者と関数引数との最初の出会いは『K&R』項番 5.11 だった。

```
void qsort(void *v[ ], int left, int right,
           int (*comp)(void *, void *))
{
```

図 2.1.0『K&R』項番 5.11 抜粋

C はハッカー国の母国語のようなものだから、読者諸氏も図 2.1.0 をご覧になったことがあるかもしれない。stdlib.h::bsearch() においても引数として、要素を順序づける関数をとることで、どのような配列に対しても探索が可能なようにしてある。「関数の引数として関数をとる手法」の呼称として「関数引数」「コールバック」等が存在するのだが、筆者にはいまいちピンとこない。本書においては「プラグイン [1]」で通す。

関数ポインターを扱う手法は素晴らしい。とにかく応用が利く。C における最頻適用ケースはジャンプテーブルだろう。

プログラミング初心者が本書を手にする機会は少ないだろうけど、ひとつだけ覚えておいてほしいことがある。それは、

1 「プラグイン」というテクニカルタームは『LOL』項番 4.3 から拝借した。

最速の分岐処理は配列である

ということ。数値を用いた簡素な分岐をする際に、図 2.1.1 上のようなコードを反射的に書くようになったらしめたもの。コンパイル後のバイナリーサイズに関しても、if文、switch文より小さくなっていることは確実だ。

【配列を使用したもの】

```
#define NKEYS(_arr)  (sizeof(_arr)/sizeof(_arr[0]))
#define IS_IN(_val, _min, _max)\
    ((_min) <= (_val) && (_val) <= (_max))
#define LT(_arr, _idx, _ivld)\
    (IS_IN(_idx, 0, NKEYS(_arr)-1)? _arr[_idx]: _ivld)

#define IVLD0  -1
const int arr0[ ] = {
    IVLD0, 9, 11, IVLD0, 3, 60, 77, 11,};
#define FN0(_idx) LT(arr0, _idx, IVLD0)
```

【分岐命令を使用したもの】

```
int fn0(int idx){
    int ret = -1;

    switch(idx){
    case 1:  ret = 9;  break;
    case 2:  case 7:
        ret = 11;
        break;
    case 4:  ret = 3;  break;
    case 5:  ret = 60;  break;
    case 6:  ret = 77;  break;
    }

    return(ret);
}
```

図 2.1.1　同等の機能をもつ 2 種類のコード

この手法における陰の主役は「有意義な無駄」である。未使用のインデックスには–1 やNULLを置いて、強引にルックアップテーブルへ落とし込むべし。ジャンプテーブルを作成する場合は、関数にダミー引数を設置するなどして体裁を統一する。Lisp ハッカーならお気づきであろう。ジャンプテーブルを作成する手法と総称関数を書く作法は全く同じであることに。

賢明なる読者諸氏よ。あなたの組むコードに有意義な無駄を入り込ませる余地がないか、常に目を光らせてほしい。

Lispにて

プラグインはLispのいたるところで顔を出す。マッピング関数、集合系関数、ユーザー定義関数、……。

プラグインを多用するからこそLispが関数型言語に分類されるのか。

CLにおける興味深い適用例は『実用』第18章のオセロルーチンだろう。戦略関数をひっかえとっかえして、オセロ初心者から上級者まで楽しませるAI実装例が載せてある。筆者はハックしつつ、ゲームも楽しんだ。プラグインの出し入れひとつでコンピューターの挙動がこんなに違うんか！、と驚いたものだ。

2.2　Lispハッカー的アプローチ

マッピング処理＆高階関数について活字を追うだけではピンとこないかもしれない。少なくとも筆者はそうだった。ここは実践あるのみ。組んだコードを実際に動かしてフィルタリングの妙を楽しむべし。仕事でも授業でも、ハックする機会があったら、図2.2.0のような課題解決法を試みてほしい。

(0) 探す・書かない
標準ライブラリー、ユーティリティー、過去の作品、他人のコード（実績あるものに限る）等、既存のものがあるなら課題終了。使えそうなルーチンを発見したら改造。
→「探したらあったじゃん。作ることなかったじゃん」というケースが、ままある

(1) イメージする
一つの関数には一つのことだけを短く効率的にやらせる。

(2) 直交性を確保する
他の関数と機能がダブっていないか。大域変数への依存を極力避けているか。

(3) テストする
「原子の関数」なら数分で終わるはず。

(4) ケミストリー（化学変化）を起こす
単純なもの同士を掛け合わせ、使い回し、複雑なものをラクして作る。

図2.2.0　Lispハッカー的アプローチ

前記アプローチは、複雑で面倒なプログラムを開発する局面において特に有効なはず。

「仕事はともかく、授業で『書かない』はどうよ？」と首を傾《かし》げる方がいらっしゃるかもしれない。そこはそれ、教官と学生の知恵比べ。出題する側、解く側、双方怠けず工夫してほしい。

イメージは大切だ。ギター初心者はしばしば「コードを個々にじゃかじゃか鳴らしても曲にならない」とぼやく。そのようなときはCDを聴いて全体の流れを掴む、もしくはCDに合わせて弾くといい。全体像を把握するとコードの繋がりが見えてきて、曲としてのかたちになるのだ。物語を描くにせよ、作家はイメージなり妄想なりを文字に置き換える作業をするだけ。ハッキングも同じこと。完成形をイメージしながら作業していただきたい。余計な機能を与えてしまいそうになったとき、我に返る可能性が高くなる。

筆者が読者諸氏に対して切に願うのは、「(4)」においてプラグインを活用し、さまざまな化合物を生成してみてほしい、ということ。ペニシリンを発明するのか、はたまた、ヘロインを生みだしてしまうのか。いずれにせよ、原子の種類と構成によって、人類を救う画期的な特効薬から、破滅へと導く悪魔的な効能まで、コンピューターから無限の可能性を引き出せるだろう。

➡ 項番 9.0::「直交性」(P.122)

コラム――教官 VS 学生

プリンストン大学におけるプログラミングコンテストのエピソードが『ECP』第６章で紹介されています。直球勝負ではなく、創意工夫によって相手を出し抜く。なんとも粋《いき》じゃないですか。

ときに噛みつき、ときにあっと言わせるような自由な発想の持ち主。

上司の言葉を疑うことなく羊のように従順で、言われたことだけをソツなくこなす官僚型人間。

あなたが仕事を任せるとしたら、どちらにします？

2.3　関数と副作用

副作用が少ないほどうまくいく。

純粋関数プログラミングに近づけば近づくほど並列処理に強くなる。

示唆する本質は同じだし、事実は事実。でもこれ、製品レベルや上級ハッカーでのお話。

Lisp 初心者は副作用をバンバン使えばいい。慣れてくればシーケンスのバケツリレーをしている箇所が見えてきて、`setf`の消しどころが直感的にわかってくるはず。`lambda`もしかり。最初のうちは無名関数なんて使わなくていい。そんなのは、カッコの数が気にならなくなってから、いくらでも書き直せる。

関数プログラミングの本質は、関数の信頼性を担保とすることなので、我々が真っ先に修得すべきは関数を書くコツであろう。

(0) 探す・書かない

(1) 処理を細分化する
　電子顕微鏡で原子を見るかのごとく。

(2) データと処理を徹底的に分離する（D/C 分離）
　データベースファイルとロジックファイルを別々に設けると、コードの見晴らしが良くなるケースがしばしばある。
　→項番 9.0 で後述

(3) 類似する処理があったら抽象化する
　#'で渡すことを見越して関数化を最優先に。

(4) 汎用性があると感じたらプラグインをとらせる
　必要に応じてコメントも添えよう。

図 2.3.0　関数を書くコツ

「すでにあるなら書く必要はない」というアプローチは本書において何度も登場する。作業効率と信頼性向上のためにも、灯台下暗しになっていないか調査する習慣を身につけてほしい。

書かない。作家がこれを実践したらおしまいだ。絵を描かない画家、音楽嫌いな歌手、腕力と闘魂を否定するボクサーのようなもの。いくらハッカーと作家が似ているとはいえ、正反対な要素があって当然だ。

賢明なる読者諸氏はお気づきだろうか。前段落において「書く」という述語を使っている。そう。細心の注意を払ってきっちり「書く」べきは関数であり、総体として作用するコードは「組む」ものなのだ。各部品が精度を確保していれば、組み上がるものにも信頼性は自然と宿る。これはハッキングのみならず、あらゆることに共通する極意だと思う。

高階関数に対するイメージは固まりつつあるだろうか。

ところで、読者諸氏は業務用パソコンに何を使ってますか？　Windows ユーザーの方、ゴメンナサイ。次節をスキップしていただいて結構です。

Unix 系 OS をご使用の方。高階関数を理解するための一助となる手法をご覧あれ。

➡ 項番 3.1「データ構造」(P.38)
➡ 項番 4.0::「変化しないものは変化だけ」(P.61)
➡ 項番 9.1::「データとコードの分離」(P.121)

コラム――lambdaと#'

無名関数を作成する際に用いる`lambda`はマクロであり、下記のように定義されている。

```
(defmacro lambda (&whole form &rest body)
  (declare (ignore body))
    `#',form)
```

この仕組みにより、無名関数の表記は「`#'(lambda () ...... )`」「`(lambda () ...... )`」の両方が許される。

2.4　パイプ処理

Unix のパイプ処理も「マッピング処理＆高階関数」の変種として捉えられよう。

高階関数における統括ルーチンでは大枠の処理だけ定義しておいて、細かい方針はプラグインに任せる。

一方のパイプ処理も各コマンド処理は内部で完結していて、結果をリレーすることにより相乗効果が変化する。中級以上の Unix ハッカーはコマンドのみならず、Perl と掛け合わせることも日常的におこなっている。

実装は違えど、無数に存在する小さきものの中から自分が必要としているものを選択し、掛け合わせることによって、多様かつ莫大な複利を得る本質は変わらない。細かい差異なんてどうでもよくて、人間様がラクして利益を得ることが重要なのだ。

パイプ処理に関してはぜひとも『考え方』項番 5.2 を熟読願いたい。読者諸氏の業務効率アップを後押ししてくれること請け合いだ。Bourne シェルスクリプトの何より素晴らしいところは移植性にある。Unix ターミナルのあるところなら、どこでも動く、改変なしに。

Unix 使いたるもの、コマンドリファレンスを手元に置くべし。グルたちの知恵と遺産を存分に活かすべし。パイプ処理を使いこなせば、広範囲の業務を自動化できるはず。たとえ満点の解が得られずとも、シェルスクリプトの出力をリダイレクションすれば、読者諸氏が組むべきコードは簡易なものになっているだろう。

筆者のお気に入りの言葉を紹介して第 2 章を締め括ろう。

> 私は人生で二度しか奇跡を見たことがない。一つは核融合。もう一つは複利だ。
>
> アルバート・アインシュタイン(?)

第3章

マクロ

Lispにおけるマクロの意義について、いまさら解説しない。読者諸氏の頭に刻んでほしい言葉は2つだけ。

> Don't repeat yourself.
>
> 『達人プログラマー』
>
> We will encourage you to develop the three virtues of a programmer: laziness, impatience and hubris.
>
> Larry Wall『Programming Perl』

単にlazy and slothなだけでは髪のとんがった上司になってしまう。ここは断じて建設的怠惰でなければならない。その第一歩こそ項番2.2、2.3で説いた「探せ・書くな」なのだ。第二歩目が本章の主題であるところの抽象化である。

コードの中に規則性を見出したなら、抽象化してコンピューターを酷使する。それがハッカー国の義務である。ただし、やりすぎにも注意してほしい。「ほどほど」の重要性については項番3.6で後述する。

コラム――ハッカーの三徳

Wall氏はハッカーが備えるべき3つの徳として「laziness, impatience and hubris」、すなわち怠惰・短気・傲慢《ごうまん》を挙げた。このうち、先達の知恵とコンピューターの力を十二分に活用する建設的怠惰については筆者も全面的に賛成する。しかし、残り2つについてはいささか疑問がある。

正確無比なコンピューターを操るには、調査や試行を何度となく繰り返すtrial and errorがつきもの。せっかちな人にはつとまらない、というのが筆者の本音である。

デバッグにおいては、自己の能力を信用しない謙虚さが必要な気がしてならない。

賢明なる読者諸氏はいかが？

3.0　マクロより美味なるもの

マクロはLispハッカーの大好物だろう。でも一番じゃない、少なくとも筆者にとっては。

データ構造。Yes, this is it. This is it!

データ構造の重要性は多くのハッカーたちが多くの著書で繰り返し説いてきた。その中でも紙幅を割くに値する言葉を紹介しよう。

> 職人技を越えたところに発明がある。簡潔で余分なところがなくてスピードの速いプログラムが誕生するのは、まさにそこである。そういうプログラムは、たいてい巧妙な奇策というよりも、戦略的突破と相場が決まっている。戦略的突破は時にはまったく新しいアルゴリズムだったりする。
> しかし、データやテーブルの表現をやり直すことで戦略的突破が実現される場合の方がはるかに多い。ここにこそプログラムの真髄がある。スペース不足対策の知恵を出しきってしまったプログラマは、コードから自分自身を解放して一歩退き、データを熟考することで、解決の糸口をつかめることがよくある。
>
> 『人月の神話』第9章 / arranged by hep
>
> データ構造とその不変条件を適切に作れば、コードの大部分は自然と片がつく。
>
> L. Peter Deutsch『Coders』第11章
>
> ソフトウェアの複雑さの多くは、ただ単に作り方が整理されていないだけである。
>
> 『プログラマのためのサバイバルマニュアル[0]』第1章 Tip4
>
> 0　Josh Carter 著／長尾高弘訳

まさに「ハッキングといえばデータ構造」なのである。

3.1　データ構造

> まず、データ構造の不適切な選択があった。混沌の始まりである。
> 無秩序と複雑度はコーディングを経て指数関数的に増大し、虫どもが巣くう。
> 腐ったコードは仕様変更に至りて倒壊し、保守員の人格まで崩壊せしめた。
> 悪い木は決して良い実をつけない。腐ったコードは火へ投げ込まれる。
>
> hep

データ構造を乱暴に定義するなら「配列・リスト・構造体・スタック・キュー・動的メモリー等の手法の組み合わせ方、および、それらの徹底的な使い回し」だろうか。筆者が頻繁に実践するのは「０．相関度の高いデータを構造体にまとめる」「１．同格や並列関係にあるデータを配列にする」「２．複数箇所に登場するデータを一元管理する」である。

筆者個人の見解としてはLispマッピングこそ、データ構造と抽象化が融合した最上の処理形態である。再帰もリストと局所関数的なものを融合させた秀逸な解法なのだが、手軽さや利便性、シンプルな書式などの観点から、軍配はマッピングに上がる。

重要性だけは認識できる。でも、「なぜ？」「どのように」が理解しにくいデータ構造。

結論から言えば、不適切なデータ構造を選択すると、アルゴリズムが冗長複雑になるから。

冗長は文字どおり、無駄に長い。コードが長いと書く手間がかかる上に、保守員も読むのが大変。事実として残業代の二重取りが恒常化する、当人たちは望んじゃいないのだろうけど。あるいは、守銭奴たる髪のとんがった上司予備軍のみが歓迎するのか。賢明なる読者諸氏は時間的・経済的損失を許してはならない。

複雑性にはバグがつきもの。そりゃそうだ。ごちゃごちゃと混み入った地雷原を進んだら、十や二十は踏んじまうだろうさ。

前段落を読んでも理解不能、もしくは実感が涌かないなら、3 年後に本書を読み返してほしい。ぷろぐらまぁの書いたコードを保守する経験を積んだあとでなら筆者の言わんとすることが理解できるようになっているかもしれない。筆者の実感としてデータ構造がわかりにくい理由は——「0. まともなコーディングをできる人が」「1. ひどいものに出会い、痛い目に遭ってようやく理解できる」——からだと思っている。良いものよりも悪いものからのほうが学べることが多い事柄なんてのは、他人に説明しづらく、難しいのが必然なのだ。

筆者の記憶をきつく絞り、この概念に関する実体験を掘り進めるとしよう。

➡ 項番 2.3「関数と副作用」(P.34)
➡ 項番 4.0::「変化しないものは変化だけ」(P.61)
➡ 項番 9.0::「データとコードの分離」(P.121)

プログラミング診断室（藤原さん、ごめんなさい）

個々のハッカーが修得すべき二大技術、データ構造と抽象化。ひいては、ハッカー国における二大通貨となる。白黒ならぬ金銀つけるにあたり、あなたが 2 種類のコードを前任者から引き継ぐ状況を想像してほしい。

a) データ構造は極めて優れているが、抽象化が途上
b) 抽象化はカリカリに進んでいるが、データ構造が腐っている

両者とも贅肉《ぜいにく》が見られる。ドクター・ヘイポーによる診断結果はこんなところ。

◆コードA

ベルトの穴がいつもより一つ外にズレてますね。でも、試合前のボクサーみたいな過酷な減量なんてしなくても、数日ジョギングすれば体のキレは戻りますよ。

◆コードB

＜合併症を抱えた肥満患者か。モルグ（死体安置所）行きは時間の問題やね……＞
こんなこと患者さんに面と向かって言えるかい！

カルテを並べれば両者の違いは歴然だ。

表 3.1.0　データ構造 VS 抽象化

No.	項目	コードA	コードB
0	評価部位	データ構造：◎ 抽象化：△	データ構造：× 抽象化：◎
1	贅肉の種類	皮下脂肪 善玉コレステロール	内臓脂肪 悪玉コレステロール
2	病状	体重がやや重	o. 典型的メタボ i. 高血圧 ii. 糖尿病 iii. 脳梗塞 iv. 数箇所に及ぶ内臓疾患
3	目に見える症状	動作：若干気になる サイズ：中	o. 動作が鈍重 i. 動作が不安定 ii. 無駄に複雑 iii. サイズ：大
4	改善策	数日のジョギング	o. 数度にわたる大手術 i. 薬物の大量投与 ii. リハビリ

コードAは、中級ハッカー以上が組むコードの初期段階に相当するだろう。抽象化にせよ、チューニングにせよ、改善の余地はいくらでも見込める。というより、「時期尚早な最適化は悪」を熟知するがゆえにわざと放置してある、と表現するのが適切だ。

片やコードBは、ブラック・ジャックもお手上げ。特に「目に見える症状 o、i、ii」が顕著なら、データ構造に問題を抱えていると疑うべき。既存のものを破棄し、ゼロから作り直すことを真剣に検討してもいいだろう。

表 3.1.0 を見て「ウソやん」と笑うのか、「そうそう」と頷《うなず》くのか。コードBを引き継いだ実体験をもつ筆者は全く笑えない。実際は、抽象化も腐っていたのだが。

アルゴリズムを従わせる

多くのグルが為の一番に掲げているのに、データ構造のエッセンスを要約するのは難しい。これほどハッキングの出来を左右するのに、知らない人間は全く知らないし、これを意識していないクルージが正々堂々、製品に搭載されているのが実状だ。反対にできる人は、データ構造とアルゴリズムを切っても切り離せないものとして捉え、そのペア同士の比較でもって最良解を探っているのではなかろうか、半ば反射的に。

かく言う筆者も、データ構造の重要性に気づいたのは就職後数年を経て、とあるテレビ開発現場に異動したときだった。今、思い出しても吐き気を催すクレイジーなコードを引き継いでしまった。そのあまりのひどさがどのようなものであったのかは、筆者のとある作品[2]に書き尽くしたので興味のある方はご一読ください。いくばくかの脚色が施してあるものの、ほぼ事実です、紙に誓って（神ではありません。筆者の職業と信条に則し、断じて紙なのです）。

Lot#03　紙垂《しで》；神道では「紙《kami》」を「神《kami》」にかけて祀《まつ》っている

筆者は高校でBasicを始め、専門的なプログラミング教育は大学からというスロースターターに分類される。データ構造なる概念を初めて耳にしたのも大学の授業。偉い人たちはその重要性を熱心に説いていたけれど、筆者には全くピンとこなかった。それでも筆者は、配列・リスト・構造体・動的メモリー等を組み合わせながらアルゴリズムを考えていたし、同級生も同じことを当たり前にやっていた。素質のある学生が揃っていた？　うーん、どうだろう……　教官方が優秀だった？　そちらの可能性のほうが高そうだ。とにも

2　巻末に掲載できることになりました。立川文学賞実行委員会のご協力に心より感謝申し上げます。

かくにも、理路整然とした世界を離れ、混沌の世界へと足を踏み入れてようやくデータ構造の重要性に気づかされたのだった。

余談ながら、件《くだん》のテレビ開発現場に勤務する主任技師（課長職相当）二名はデータ構造を指して「何それ？」とのたもうた。彼等の書くコードは抽象化もお粗末。上に立つ者が後進の指導をせず、社内政治にうつつを抜かすのだから、会社全体としての技術力が低下して当たり前。これもまた、紛うことなき実体験である。しかもその二人は苗字まで同じだったため、髪のとんがった上司の象徴として筆者の脳裏に色濃く焼きついた。筆者の作品にその苗字が繰り返し出現する理由は、手塚治虫氏から拝借したスターシステム手法に、こんな経験を適用したがためなのだ。

コーダーの出世コースは技術系とマネージメント系に分かれる。いくらマネージャーといえどもせめて、データ構造のなんたるかを理解している人物を据えるべき……いいや、違う！　ディルバートの法則!!　チームメートをして「ダメだこりゃ」と嘆息せしめるコードしか書けない人間をあえて管理職に就けているのである。

と、ここまで口が酸っぱくなるほど連呼したデータ構造なのだが、その上座に据えるべき概念は本当に存在しないのだろうか？　Lisp マッピングより優美な処理形態はないのか？　Lisp 系や Haskell よりもエレガントかつ生産的なプログラミング言語は？

あるかもしれない。それをみつけるのが筆者のハッカー人生としてのテーマである。ヒントはどこに転がっているかわからない。プログラミングを楽しみ、傍《かたわ》らで物語も紡ぎつつ、模索するとしよう。

「なんかコードがごちゃごちゃしてるな」と感じたらそれは、読者諸氏のハッカーとしての本能が発する危険信号かもしれない。そんなときは一度立ち止まり、分析してほしい。

この先を読めばわかるように、Lisp マクロは人類英知の結晶といっていい。でも、くれぐれも肝に銘じてほしい。データ構造の前では、マクロは小手先技にすぎないのだと。

3.2　人間＝コンピューターの敵

映画『2001 年宇宙の旅』をご覧になったことがあるだろうか。『ターミネーター』シリーズでも構わない。両作とも電源云々をトリガーとしてコンピューターのご機嫌を損ねるエピソードを扱っている。それらのシーンは喩えとしていささか突飛ではあるけれど、人間がコンピューターの敵であることは頭の片隅に置いとくべきだ。

世にも恐ろしいこの事実を検証するために、対話型プログラムの危険性から始めようと思う。

対話型プログラム

対話型プログラムとは、コマンドインタープリターやメッセージボックスを介して、人とコンピューターが対話しながら処理を進めるプログラムを指す。ファイルをコピーするにあたり、ユーザーにくどくどお伺いを立てるコマンド例を見てみよう。

```
> copy foo.dat foo.da_
コピーします。よろしいですか？ [y/n] y
すでに foo.da_ が存在します。上書きしますか？ [y/n] y
よろしいですか？ [y/n] y
本当に?? [y/n] y
ファイナル・アンサー??? [y/n] y
ファイルを1つコピーしました。
```

図 3.2.0 くどくど尋ねるコマンド例

2020 年 11 月現在、世界最速のスーパーコンピューターは 442PFLOPS とのこと。コンピューターにしてみれば、コピー自体は一瞬で終わるのに、人間の指示を受けるためにとてつもないマシンサイクルをフイにしている。人間が携帯電話を片手に遊びながらキーボードを叩き終えるのを、コンピューターはひたすら待っている。道路事情に喩えるなら、横断歩道を渡る老人の動作「一歩/sec」を 140 億年かけて待つようなもの[3]。その間、ドライバーは何もしてはならない。ケータイもダメ、ラジオもダメ、クラクションを鳴らして威嚇するのもダメ。クルマを出てご老体をどついたり、轢《ひ》き殺すなんてもってのほか。とにかく、ひたすら待たねばならない、お年寄りが数メートルのゼブラを渡るあいだ。

人間とコンピューターが仲良くするには「\cp foo.dat foo.da_」が最良なのである。

コンピュータープログラムにプログラムを書かせる ～Code Generating～

筆者は Web サーバー開発の一環として JavaScript プログラムを書いたことがある。その処理はいささか面倒なものであったため、コードも混み入ったものとなってしまった。ハッカーならみな経験があると思うけど、カオス状のコードにはたいていバグが潜んでいる。マーフィーの法則を引用すれば「失敗する余地があるなら、失敗する」ってやつだ。

3 CPU の時間の流れを「1op/sec」に対応させた比喩。(/ (* (expt 10 15) 442.0) (* 365 24 60 60)) => 14.015727e9

弊社では当時幸いなことに、Web サーバーとして AllegroServe を採用していたため、必要に応じて静的部分と動的生成部分を使い分けられる状況にあった。試しに、複雑な箇所の JS を動的生成に切り替えたところ、あっさりカタがついたのだった。

プログラミング言語は「開始語＆終了語のペア」をはじめとして、規則性とお約束に満ちている(図 3.2.1)。パターン化された文章の記述をコンピューターにやらせようというのは至極自然な発想だ。コンピューターは定型処理の申し子であり、規則正しい事象を愛する。人間が定型・反復処理をしたところで、正確さ速度ともコンピューターの足下にも及ばない。

【開始語＆終了語のペアA】

```
<html>
    <head>
        <title>hello, world.</title>
    </head>
</html>
```

【開始語＆終了語のペアB】

```
function fn(a0 in integer)
    for i = 0 to 9 do
        :
    end
end function
```

【お約束A】

```
    fp = fopen(”fname”, ”ab”);
        :
    fclose(fp);
```

【お約束B】

```
    pthread_mutex_lock(&gbl.mtx);
        :
    pthread_mutex_unlock(&gbl.mtx);
```

図 3.2.1　プログラムの規則性

そもそも、プログラムを意図どおりに動作させるためには 2 種類の厳密性を確保する必要がある。

(0) 語句と文法

プログラミング言語の仕様にしたがって一字一句間違いなく、ときとしてスペースの挿み方ひとつに至るまで正確に記述する。

(1) ロジック

処理内容の順序やタイミング、数値計算の演算式や係数、その他に誤りのないよう記述する。

世界最高のハッカーでさえ間違いを正しながら作業を進めるのだから、ハッキングは容易ではない。結局のところコンピューターは、人間が組んだ欠陥だらけのコードよりも、ジェネレーターが生成する規則正しいコードを好むのである。「コンピューターと最も相性が良いのはコンピューター」は至言なのだ。

日本でも中学・高校の課程に「情報」が加わり、小学校にもプログラミングの授業を組み入れようとしている。いつぞや筆者は、その授業風景をテレビで見た。生徒たちは「全然うまくいかなくてイライラする」と言った。当然だ。コンピューターは人間と比較して正確すぎる。コンパイラーやインタープリターにはファジー機能なんて備わっていないから、曖昧なコードを無慈悲に却下する。コンピューターはバグを含むプログラムや間違った指令にしたがって、ハッカーの予期せぬ動作をする。そんな「なかなかうまくいかなくてイライラする」ものに対して忍耐と理性をもって対峙するからこそ、プログラマーの給料は高額であるべきなのだ。ハッキングが簡単な行為だったなら、世の中はハッカーで溢れているだろう。また、そのような「なかなかうまくいかない」ものを効率的に実装するために、我々ハッカーは技術やコツをひとつでも多く修得すべく努力しているのである。

筆者は MS-Excel-VBA ジェネレーターを Common Lisp で組んだ経験もある。Basic のような抽象化機能に乏しい言語を用いて複雑なコードを扱わざるをえない状況に陥ってしまったなら、コンピューターの力を活用するのが一番だ。コードジェネレーターを作成するためには、ターゲットとなる言語の文法、生成したいコードの原料となるデータをコンピューターに与える必要がある。ジェネレーターに欠陥があると、欠陥のあるコードを量産してしまうので精度が至上命題。自動生成されたコードのデバッグも必須。骨が折れそう？　慣れるまではそうかもしれないし、ハッキングを徹頭徹尾ジェネレーターに任せる計画ならば、筆者ですら御免こうむる。これから組もうとしている全コードを自動生成するのは非効率も甚《はなは》だしい。ある種のパターンに収まる部分だけを対象とすべきだ。

この手のソフトが最も威力を発揮したと筆者が実感したのは、Cの構造体定義ジェネレーターを組んだときだった。半導体チップのデータシートをかき集めてはレジスターマップをデータベース（以下、「DB」の略称と併用）に保存する。そのDBから情報をロードし、ビットフィールド定義を自動生成しては.hファイルへ流し込む。ある年のモデルチェンジにおいてCPUが切り替わり、エンディアンが逆転したときも、ビットフィールドの逆転記述を全自動で済ませることができた——
——というのは半ばウソ。上記の2/5は筆者の想像の産物である。なにしろ、そのアイディアを基に試作したのが会社をクビになる直前だったから。想像上のモデルとはいえ、いい線を行ってると思うし、実現性に関しても上級Lispハッカーの手にかかれば赤子の手を捻《ひね》るようなものだ。

この先がマクロ論の本丸。「ある種のパターンに収まるコードを自動生成」という、おいしい機能をLisp自身にあてはめる。その機能を担う主役こそマクロである。次節ではLisp系言語における最大のパワー源について筆者なりの考えを示そう。

➡ 項番 6.0::「サーバー処理のデザインパターン」(P.77)

コラム——パターン化された脚本

パターン化されたドラマといえば？　こんな質問に対して、読者諸氏はどう答えます？　連想ワードとして勧善懲悪を加えた『水戸黄門』などはいかがでしょう。

悪代官の「越後屋、そちもワルよのう」に始まり、障子ならぬ天井裏に弥七の目あり。お銀の無意味な入浴シーンもお約束。八兵衛がうっかりやらかしながらも茶店で市井に通じ、助さん格さんが大立ち回りした末に、最後は印籠で一件落着。

どの回を見ても予定調和で収まるため、シナリオをプログラムに書かせてもいいいんじゃね、と思わせるには充分です。事実、そのように考えられた人がおられます。その方こそ筆者の恩師・中山泰一先生。前世紀から『水戸黄門プロジェクト』を構想しておられました。

SFショートムービー『Sunspring』において、脚本をAIが担当した実績がすでにあります。近い将来、スクリプトジェネレーティングが当たり前となる世の中に？

3.3　Lispの真打

まずは、Lispプロンプトで図3.3.0を実行してみてほしい。

```
(defparameter *x* (list '+ 1 2 3))
*x*  => (+ 1 2 3)
(defun fn ( ) (eval *x*))   ; ★★★ここに注目★★★
(fn)  -> 6
```

図3.3.0　関数への真リストのパッキング

関数`fn`の実体が真リストそのものになっている。前記は、Lisp 関連書籍が語り尽くした図 3.3.1 の内容を可能な限り単純なかたちで提示しただけ。なお、前記は`eval`に潜む危険性も示しているのだが、それについては各自で忘れず勉強してほしい。

(0) Lisp コードは有向非巡回グラフ（DAG）の集合体である

Lisp では、解析器が処理すべき構文解析の一部をハッカーが代行している。そもそも、(fn arg1 arg2)という書式が構文解析木そのものなのだから。

その面倒さの見返り（リターン）として、任意の演算結果として得られた真リストを、実行可能なオブジェクトにパッキングすることが可能となる。

(1) データを入力し、データを出力するのが関数

関数がコールされ、処理が終了した時点で出力結果が定まる。入出力データは各種オブジェクトを指す。

関数が DAG を生成することも可能であるが、そのような処理は通常、マクロでおこなう。

(2) DAG を出力するのがマクロ

出力値はマクロ展開の終了時点で固定化される。特定のパターンに収まるコードを量産するのに適している。

通常であれば解析器が自動処理することを人間がおこなうため、困難（リスク）を伴う。

図 3.3.1 Lisp グルたちの説教

Lot#04 ハッカーをお払い箱にするもの

動的に Lisp コードを生成し、タイミングを見計らって実行できるなんて、まさに人工知能！ ……と言いたいところだが、そうは問屋が卸さない。項番 3.2 で示したとおり、コードには文法的な正しさとロジックの正しさが求められる。デバッグ済みでない動的生成コードをぶっつけ本番で実行する勇気は筆者にはない。仮に、Lisp インタープリターがロード可能なコードを 100%確実にジェネレートできたとしよう。ところが、ロジックの正しさをコンピューターに検証させるのは極めて難しいものなのだ。AI が進化し続ければ、いつかは実現するのかもしれないけれど。そのときこそ HAL の顕現する瞬間であり、我々ハッカーが職を失う転換点となろう。

SF 世界はさておき、Lisp の秘める可能性と、コードジェネレーティングの有用性はご理

解いただけたと思う。

マクロと関数の使い分けについては『OL』第 8 章を熟読玩味《がんみ》されることを強く願う。

前節で「コードジェネレーター」なんて偉そうな言葉を連呼しちまったけど、要は定型処理を抽象化する仕組みの流用だ。当然の帰結として、コードジェネレーティングは定型処理に狙いを定めて適用すべき、という真理を得る。

マクロクラブ

【マクロクラブ会則】

(0) マクロを書くな

プラグインへの流用を見越すと、抽象化の基本はあくまで関数。

(1) それがパターンをカプセル化する唯一の方法ならば、マクロを書け

具体的には下記要件でのみ認める。

a) 制御構造

b) 副作用を必要とするパターン

『プログラミング Clojure[0]』項番 7.1 / arranged by hep

0　Stuart Halloway 著／川合史朗訳

Foderaro 師の説法「Lisp はプログラム可能なプログラミング言語」の意味するところは、「定型パターンに収まる制御構造をマクロ化すれば、Lisp 組み込み文法と同格なものとして扱える」なのだろうと筆者は理解している。

コードジェネレーティングがハイリスク＆ハイリターンの基に立脚していることを前に示した。日本国債やギリシャ国債なんて買わずとも関数なら、ローリスクで地方銀行の複利の万倍は得られる。筆者は粗忽者《そこつもの》なので、可能な限り地雷原を避けるよう自分に言い聞かせている。読者諸氏はいかがであろう。あなたが神のごとき完全無欠の存在ならば、ひたすらマクロを書けばいい。

マクロといえば

マクロといえば展開。

関数（非インラインのもの）はメモリー上の実体が一つ。対してマクロ展開された式は、展開された数だけ別個にメモリーを消費する。マクロとは、展開して受肉しない限りプロセス上に存在しない霊魂のようなもの。

マクロとは、大枠の共通動作パターンを踏まえつつ、枝葉の処理に差異のあるルーチンを量産するためのものである。誤解を恐れずあえて喩えるなら、マクロとは善玉ペーストだろうか。コレステロールに善玉と悪玉があるようにコピー＆ペーストは、差異のない全

く同じ無駄なものを複製するだけの紛れもない悪玉。真のマクロは、コンピューターの備える抽象化機能を良い方向に活用したコードジェネレーターなのである。

マクロ解説といえば

『On Lisp』
『LET OVER LAMBDA』

筆者に言えるのはこれだけ。

ハッキングの到達点を日本語で読める。5000円未満で手に入る。僥倖《ぎょうこう》である。原作者、翻訳者、編集者、製紙業・インク業界関係者、印刷所のおっちゃん、運送屋さん、本屋さん。ありがとうございます。

3.4 Macro in C

Common Lispから少し離れ、他言語におけるマクロについて語りたい。

MS-Excelマクロ？　ああん??　あんなものをLispマクロと同列に語るなんて、神とJohn McCarthyに対する冒涜《ぼうとく》だ。誰が何を意図してExcel「マクロ」なんて名づけたのだろう。

Lispマクロと比較する価値があるのは、パワーや普及度などを含めて総合的に判断すると、必然的にC言語となる。

筆者は趣味としてCでゲーム制作をしている。ご多分に漏れず、我が家にもCユーティリティーコレクションがあり、こんなものまで存在する（図3.4.0）。

```
#define FOR20(_i, _num0, _j, _num1, statement)\
    {for(_i = 0; _i < _num0; _i++){\
        for(_j = 0; _j < _num1; _j++){statement}}}

#define FOR21(_i, _j, _arr, statement)\
    FOR20(_i, NKEYS(_arr), _j, NKEYS(_arr[0]), statement)

#define FILE_IO(_fp, _fname, _mode, statement)\
    {_fp = fopen(_fname, _mode);\
    statement\
    fclose(_fp);}

#define MTX_LOCK(_mtx, statement)\
    {pthread_mutex_lock(&(_mtx));\
    statement\
    pthread_mutex_unlock(&(_mtx));}
```

図3.4.0　hep's C ユーティリティーコレクション抜粋

Lispにもファイル I/O 関数「open」「close」が存在するものの使う機会は皆無であり、ほとんどは「with-open-file」で事足りる。動的メモリーにしても理想としては、アロケート＆フリー＆ガベッジコレクションまでを自動処理したい。その手の仕組みが言語仕様に存在しないのであれば作ってしまえ、というのが上記のマクロ「FILE_IO」と「MTX_LOCK」の意図である。理想とはかけ離れているが。

図 3.4.0 に記載したものは GCC や BCC でコンパイル可能であり、意図どおりに動作する。展開された式が別個にメモリー上に存在する仕組みは Lisp と同じ。ただし適用箇所の書式は、Lisp のエレガンスからは程遠い（図 3.4.1）。

```
    int  i, j, arr[4][8];

    FOR21(i, j, arr,
        arr[i][j] = i*j + j;
        fn00(j, &arr[i][j]);)
```

図 3.4.1　C 制御構造マクロの適用例

汝、上記のような過激なコードは外注作業で組むべからず。後任者が腰を抜かすであろう。

汝、C マクロを侮るなかれ。Lisp マクロほどの力と優美さはなけれど、「コンパイラーを書き変える（『ACL』項番 10.5）」を実現せし力は秘めている。

➡ 項番 1.0「Lisp といえば」::再帰再考（P.11）
➡ 項番 4.2「高級言語と呼ばれちゃいるが」（P.63）

コラム――Hickey 師の場合

Rich Hickey 師は Java Virtual Machine 上で動作する Lisp の方言 Clojure の設計者。彼のインタビュー録が『7 つの言語 7 つの世界』項番 7.2 に収録されている。Clojure が普及した理由やリーダーマクロを排除した理由、Lisp と文法に関する考察など、なかなか興味深い。

3.5　データベース連携

マクロの章になぜデータベースが登場するの？　本書を著すからには是が非でもこの話題に触れたくて、どこで書くべきかと筆者も悩んだ。結局、DRY 原則を構成する最後のピースとしてマクロの章へ配置することにした。

『達人プログラマー』において最重要マントラとして掲げられているのが「Don't Repeat Yourself」いわゆる DRY 原則である。異論はない。けれど、個人的な意見も添えておきたい。

一つ、ハッカーが最も重視すべきはデータ構造である。何度でも言う。「データ構造 >>>> 抽象化」だ。

二つ、DRY 原則は開発体制と連携してはじめて完全なものとなる。

データ構造の重要性は何度繰り返そうが言い足りない。

他方の DRY 原則。筆者個人の見解として、これを実現するための要素は 2 種類ある。

(0) ハッカー個人が修得すべき能力としてのボトムアップ・プログラミング技術

(1) 開発現場が用意すべきツールとしてのデータベース、ユーティリティー

「(0)」については、もう、お腹いっぱいだよね？

なので、「(1)」について、個人的な体験談も交えて言及しよう。

情報の一元管理装置としてのデータベース

ところかまわず本格的 DB を導入するなんてのは筆者の趣味じゃない。開発規模とプログラムの複雑度、予算や既存設備とのバランスも考慮せず、愚直に一つの方法を貫く輩は理系人間として失格だ。読者諸氏の会社にも、そういう髪のとんがった邪悪な上司が横行してはいないだろうか。

インパール作戦のごとき業務命令を連発する上司が幅を利かせる（ピザ系の体型も含む）職場に配属されてしまった善良なるハッカーたちよ。本書を参考に DB を設置し、業務の効率化を図ってみてはいかがだろう。

◆大規模開発

本格的データベースに Common Lisp を結合したシステムをぜひ、お試しいただきたい。MySQL、PostgreSQL、Mongo DB 等、有名どころであれば、CL 用接続ライブラリーがみつかるはず。

項番 3.2 で紹介したような.h ファイルジェネレーターの類は特に大規模開発において威力を発揮する。ビットフィールドのみならず、あなたがデザインしたデータ構造を基にヘッダーなどを自動生成すれば人員削減に繋がり、ひいては担当者たちが妙ちきりんなコードを組む可能性も低下する。

筆者は「Mongo DB + cl-mongo + SBCL」を採用した。そのパワーと使い勝手は感動ものだ。かの ITA 社（2012 年に Google 社に買収された）は、どのような選択をしたのか興味は尽きない。「Lisp + 本格 DB + ブラウザーアプリ」について第 6 章で概略を記したので、お楽しみに。

◆中小規模開発

あなたはコンピューターに何をさせたいのだろう。ペーパーワークでラクをすべく、技術文書のアウトラインを自動生成したい。図表を作成させたい。プログラムを書かせたい……あなたが経営者ならば、定型業務をひとつでも多く自動化したいと考えるだろう。

Common Lisp にデータを蓄積し、任意のフォーマットにしたがってプリントアウトさせるコードを組むことにより、広範囲に及ぶ領域の自動化が実現可能である。筆者は下記のものを趣味のゲーム制作で実運用している。

【Common Lisp のみで構成する簡易 DB システム例】

◆データベース部：ベクターに格納した属性リスト、動的生成 XML ファイル、静的な XML ファイル

◆出力ルーチン：C ヘッダーファイル生成部、C 実処理コード生成部、.csv 生成部、一般ドキュメント生成部

図 3.5.0　Common Lisp のみで構成する簡易データベース

CL の関数「`format`」は強力なので、どのような書式出力にも対応できる。詳細は『実践』第 18 章を参照。

➡ 項番 1.4::「属性リスト」(P.22)

ユーティリティー再考

ユーティリティーとは便利な関数やマクロを集めたものだけを指すのではない。機能分割した各ルーチンが共有する「データのみを記載した.c データベースファイル」も含まれるだろうし、普遍的に使える構造体や列挙型を定義した.h ファイルも該当する。システム全体をとおして「Don't Repeat Yourself」を促進するものをあまねくユーティリティーと呼ぶのだ。

筆者は恥ずかしながら、本稿を書くに当たり、生まれて初めて「utility」を英英辞典で引いた。その示すところは「a service such as gas or electricity that is provided for people to use（LONGMAN DICTIONARY of AMERICAN ENGLISH　Second edition）」である。「provided for people to use」であるからには、一人でも多くの方に使ってもらえるように書きたい。ユーティリティーの共有度が高まれば開発効率が向上するばかりでなく、担当部位の変更に臨んでも「あっ、このコードには見覚えがある！」「これは例のアレね」と認識し、引き継ぎが円滑に終わるはずだ。

理系人間に馴染みの特許執筆においても「書くからには適用範囲が広くなるように書け」と耳にタコができるほど聞かされているはず。そこで必要なのは、ものごとを俯瞰《ふかん》的に眺め、考えうるオプションを先取りして冗長性をもたせること。そして、状況に応じて更新するということ。特許にしても、出願時の記載範囲内であれば改変が認められるし、さもなくば、別個の案件として出願することもある。我々が扱うユーティリティー群の自由度は、それと比すべくもないほど高いのだから、運用も柔軟にできるのではないか。

あなたの部署が管理するユーティリティーや、趣味用途のものには冗長性が設けられているだろうか。構造体にメンバーを 1〜2 個増やしたり、列挙型に汎用列挙子を置くことによって適用範囲を広げられる可能性はないだろうか。あるいは、関数にプラグインという窓口を設け、高い複利を稼ぐ道を開いただろうか。

無駄なくみっちりきっかり設計する能力もそれはそれで結構。だが、あと少し視野を広げるだけで別の可能性が見えてくることを忘れないでほしい。わずかな無駄が使い勝手を向上させ、守備範囲を 1.5 倍も拡大してくれるなら迷うことなく余地を確保すべきだし、アップデートに及び、今現在、それらユーティリティーを利用している各担当者たちに協力を仰ぐのもリーダーの責務である。要員の配置転換や派遣社員の入れ替わりまで見据えたプログラム設計能力を備え、技術指導できるからこそ、管理職は高給取りなのだから。

➡ 項番 9.1::「ユーティリティー」(P.125)

3.6　やりすぎ注意

本節は筆者自身に対する戒めでもある。

筆者は CL ハッキングの手始めとしてモノポリーを組んだ。3 日程度で完成したところ

Lot#05　ザ・ビートルズもハマった

までは良かったが、マクロをこねくり返した結果、過剰なまでに抽象化を推し進めた怪物を生み出してしまった。一ヵ月後、部品取りのためにコードを覗いたところ、真っ青になった。マクロと関数の堆積層の厚みのせいで理解不能に陥ってしまったのである。

読者諸氏はクスコの石壁をご存知だろうか。南米ペルーにあるインカ遺跡には、カミソリの刃も挿めないほど美しく組まれた石の壁がある。さて、嵐や地震、あるいは戦争によって壊れた壁を修復する命令があなたに下されたとする。欠けたピースにきっちりはまるよう石材を精密に加工しなければならない。現代の工具が使用可能だとしても、相当な手間がかかるだろうことは予想できる。

片や日本の城郭の石垣。欠損部位の修復は、それなりの大きさの石を組み合わせれば済みそう（だと筆者は勝手に想像している）。

筆者にはLispコードのメンテナンス業務を受注した経験がある。整然とした美しいコードには目を見張るものがあったのだが、隙間なくみっちり凝縮されたコードの変更作業は驚異的なまでに面倒なものだったのである。Lispの備える抽象化機能を用いれば、継ぎ目が見えないほど美しい石壁を組めるのは確かだ。しかし、仕様変更に伴う更新作業を見越

【クスコの石壁】
1200代～1532年までのインカ時代に造られたものらしいが、正確な製造年は不明。

【萩城・詰丸】
1604年着工。

【江戸城・三ノ丸桔梗門】
1614年。クスコに比肩する精巧度である。富と天下泰平が揃わなければ、これほどのものは無用の長物。

Lot#06　石組み比較

すと、ある程度のあそびがあったほうが良いのだと、身をもって知ったのだった。

賢明なる読者諸氏よ。コーディングにかかる手間、保守作業にかかる手間を計算しながら抽象化を推進しよう。さらに言うなら、データ構造に改良の余地はないか、に軸足を置いてほしい。

ほどほどに。その中でも、ほどほどに。

➡ 項番 9.0::「巧妙すぎるコードを避ける」(P.123)

3.7　具象と抽象

教職を目指す人が本書を手にするのか、甚だ疑問である。もし読者諸氏が「教えること」に興味をおもちなら、本節は一読の価値があると思う。今一歩、拡大解釈するなら、「教える人」とは教師に限らない。管理職や人の親という立場でも同じこと。ものごとをわかりやすく説明する能力は、いついかなるときも役に立つ。どこぞの国会答弁や証人喚問のごとく、のらりくらりと意味不明な戯言《たわごと》を並べられては、子供たちもキレて当然なのだ。

というわけで、みなさま。今宵も一席、お付き合いのほどを。

対照的な2つの世界に属する人々

定型、すなわち抽象はコンピューターの独《どく》擅《せん》場《じょう》。

対して人間は具体性を伴わなければ理解しづらい。

これは筆者が大学入学当初、プログラミング講座＆実習を初めて終えたときの率直な感想である。

人間は物質的な現実世界に生きている。人の手に触れられない事象を扱うためには、それなりの想像力が必要なので、できる人／できない人に分かれるのは自然なことといえる。人には得手・不得手がある。できないことを嘆くより、得意分野を伸ばすのもひとつの道だ。

それでもやはり、厳しい現実世界を生き抜くためには、ものごとを抽象的に捉える能力を身につけたほうが便利だろうと筆者は考える。表層の奥に潜む本質や、多くのものごとに共通する法則や規則性を解明できれば、次に似たようなことが起きたとき冷静に対処できる。それを繰り返すことにより、人生で遭遇するリスクをそこそこの割合で回避できるようになる。さらにそこへ統計論や確率論で味つけすれば精度を高めることが可能となり、社会生活のさまざまな場面へ応用できるはずだ。

難しい事柄について考える、もしくは、難しい事柄を他人に説明する。その際に有効な手段が「別のものごとに置き換える」、すなわち比喩である。抽象的な事象を実生活へ落とし込んだり、身近にあるものや頻繁に目にする具体的なものに置き換えれば、聞く側もすんなり腑に落ちるというものだ。

作家が物語を描くとき、人間の感情や本質といった曖昧で手に触れられないものを扱う。そのような「言葉にするのが難しいこと」「説明するのが難しいこと」を他人に理解してもらいたいときは比喩に頼るのが手っ取り早い。本書でもできるだけ具体的な事象を引き合いにして読者諸氏を迷わせないよう工夫したつもりだし、より的確な表現はないかと何度も推敲を繰り返した。ハッカーにもレビューやデモ、プレゼンテーション等、ものごとを他人に説明する機会が多々ある。課長や部長に昇進すればなおのこと。「あいつの書くリポートはわかりやすい」「ルーシー、君は説明するのが上手だね」とのお墨付きが得られるよう日頃から説明能力を磨き、自分なりの方法論を模索しよう。

なぞかけは、抽象や本質を並べてみせる知的な芸能だ。一見遠く離れた二つのものごとの中から共通項を取り出し、一言で説明してみせる。観客は意外性に膝を打ち、笑う。そのスピード感で人々に置いてきぼりを食わせぬよう厳選した言葉を巧みに操る噺家たち。彼等は明晰な頭脳と優れた言語感覚を有しているといえるだろう。そのような知的遊戯を教育現場にも取り入れてほしいと筆者は切に願う。特に「情報」を担当する先生方には、プログラミングがいかに創造的でおもしろいものであるかということを比喩やユーモアを交えながら生徒たちに伝えてほしい。

Dijkstra 氏は母国語とハッキング能力の関係について有名な言葉を残された。森鷗外は文章の極意を問われ「一に明晰、二に明晰」と答えたという。筆者も彼等の言葉を信じて疑わない。単純明快な言語表現と簡潔明晰なソースコード。優れた物語とハッキングの共通項に筆者はしみじみと感じ入る。

人間 VS コンピューター、具象 VS 抽象。ご理解いただけたであろうか。人間と機械の接点や関係性を考える上で、本書がひとつの道しるべとなれば嬉しい限りである。

おあとがよろしいようで。

➡ 項番 9.2::「プログラミング言語と自然言語」(P.134)

コラム——なぞかけ

筆者がいたく感心したものをご紹介しましょう。

「鶯《うぐいす》とかけて葬式と解く。そのココロは。なくなくうめに（©五代目 三遊亭圓楽）」

もうひとつ、W コロンねづっち作のものもあるのですが、ここには書けまへん。

コラム──回文

しんぶんし。

たけやぶやけた。

前から読んでも、後ろから読んでも同じになる言葉や文章を回文といいます。落語界に関連する最も有名な回文といえば「談志が死んだ（©五代目 三遊亭圓楽）」でしょう。

回文は英語にも存在し、それを自動生成するプログラムが『ECP』P.119 に掲載されています。興味のある方はどうぞ。

第4章

Common Lisp Object System

Lisp はハッキング技術の坩《る》堝《つぼ》ともいえるので、当然のようにオブジェクト指向も取り入れている。あればあったで良いけれど、なけりゃないで構わない。項番 3.1 で登場する髪のとんがった上司がデータ構造と糞《くそ》味《み》噌《そ》にして論じそうな台詞ではあるけれど、こちらの重要性は微々たるものだ。

4.0　オブジェクト指向

> オブジェクト指向プログラミングによって飛躍的な収穫が得られるのは、プログラミング言語に今も残っている型指定という不必要な数の部分が、プログラム製品デザインにおける厄介事の九割ほどとなっているような場合に限られる。私には数の部分がそれほど多いようには思われない。
>
> 『人月の神話』第 16 章
>
> 小さいものから大きなものを構築するのを困難にしている。
>
> James M. Coggins 『Designing C++ libraries』
>
> くたばれオブジェクト指向！
>
> 『ECP』chapter 11

「オブジェクト指向」というテクニカルタームの生みの親は Alan Kay。

概念の起源は Simula。

上記見解で世間は一致している。筆者は Smalltalk はもちろん、Simula も使ったことがない。それでも、オブジェクト指向の発想の原点を再確認することに価値があると思ったこそ、あえて一つの章を割くことにした。

汝、小さくあらんことを

筆者はこれでも理系人間の端くれなので、科学の歴史を紐解くのが大好きだ。そんな筆者お気に入りの一冊が『宇宙創成』(Simon Singh 著/青木薫訳)。自然を観察・観測するところから始まり、原理を推測し、その計算結果が現実世界と一致することを確認するという、理系分野の原点を余すところなく伝える大傑作なのである。

筆者が主張したいのは、良きアイディアは自然界の中に数多く転がっている、ということ。ハニカム構造しかり、競泳用高速水着しかり、QMONOS しかり、自然を観察した結果として発明されたものは数知れない。そして Simula もまた開発の発端は、自然界を解明することにあったようだ。

> 【Simula】
> オスロのノルウェー計算センターのクリステン・ニガードとオルヨハン・ダールが 1962 年から 1967 年にかけて、Simula の元となる Simula I と Simula 67 を Algol 60 の拡張として設計/実装した。Simula は当初シミュレーションに用いられたが、のちに汎用言語となった。名前「Simula」は「シミュレーション言語」を意味する英語「simulation language」と「簡潔な汎用言語」を意味する英語「simple universal language」の二つに由来する。
>
> ……中略……
>
> 開発の動機は、ある制限下におかれたモデル群の全体の挙動をどう記述するか、というものである。気体の分子運動を例にとると、システム全体を考えてその中の項として分子を扱うよりも、一つ一つの気体分子をモデル化し、それぞれの相互作用の結果をシステムとして捉える方が自然で取り扱いやすい。その為には小さなモデル、関連する法則、それらを一度に複数取り扱う能力が必要となる。こうして属性を備えたオブジェクト概念と、それに従属するメソッド概念が生まれたのである。
>
> 『Wikipedia』抜粋

注目してほしいのはここ。

> 気体の分子運動を例にとると、システム全体を考えてその中の項として分子を扱うよりも、一つ一つの気体分子をモデル化し、それぞれの相互作用の結果をシステムとして捉える方が自然で取り扱いやすい。

Nygaard 氏と Dahl 氏はこの考察を以下のように落とし込んだのではなかろうか。

◆ドデカイ塊をよってたかって捌《さば》くのは一苦労
◆整理・分割した「小さきもの」を分担するほうがラク
◆ふるまいをデータ自体に組み込めば、コードの一部をデータ側へ分散できる

◆基幹コードにはオブジェクト同士の相互作用を統括させる

コードを分割・分散する手っ取り早い方法は関数化だろうけど、そこをあえてデータ側に預けるというのがミソなのだ。

項番 2.3 でも言及したとおり、課題を微細に分割・単純化し、その微細なソリューションの組み合わせでもってドデカイ複利と解を得るアプローチは極めて有効だ。その議論に関しては、オブジェクト指向崇拝者であろうとなかろうと一致するように思われる。

変化しないものは変化だけ

「やあ、ハッカー諸君。保守作業、楽しんでる？」

こんなセリフを口にするなら、ケリをよける体勢を整えてからにすべきだ。でも安心したまえ。キーボードやモニターは飛んでこない。ハッカーたるもの、道具を大事にしてしかるべきだから。そんなものを投げつけるのは髪のとんがった上司くらいのものだ。

皿洗いより調理。壁の塗り直しよりもスプレーアート。絵心ならぬハック心をもつ者なら誰だって、コーディングにこそおもしろみを感じるはず。保守なんてできれば勘弁願いたい、自分の組んだコード以外は。そんなことが許されるはずがない。だったら、プログラムの変更を容易にする方法はないだろうか？　おぶじぇくとしこう?? ふむふむ、なんかイイかも……なんてことを Nygaard 氏と Dahl 氏が考えたわけじゃない。でも、Simula67 には「サブクラス＆継承」の仕組みが実装されていたようだから、いろいろな気体分子をシミュレートすることを念頭に置いていたのだろう。かくして、現代のハッキングシーンでお馴染みの光景が誕生したというわけだ。

◆クラス＆インスタンス、継承のからくりを整備する
◆機能を追加したくなったらサブクラスを作成し、必要な部分を改変する

Graham 師はオブジェクト指向について、こう述べている。

> ……継承するようにする。ほかとは異なるふるまいをする特別なサブクラスを作りたくなったらターゲットとなる属性を直接に変更すればよい。プログラムを初めに注意深く書いていれば、この種の変更は全てコードのほかの部分を見ずにできる。
>
> 『ACL』項番 11.1 / arranged by hep

その上で、次の苦言も呈している。

> もう一度書く：この種の変更は全てコードのほかの部分を見ずにできる。こうした発想は一部の読者には非常になじみぶかいものであろう。これはスパゲティ

> コードを書くためのレシピでもある。　……中略……　オブジェクト指向による抽象化は有用性よりも危険性の方が高いかもしれない。
>
> 『ACL』注記

師の視線は鋭い。オブジェクト指向に対してこのような考察を投げかけた書籍は記憶にない。実を言うと、筆者が本章を起こしたのも『ACL』項番 11.1 を読んだから。師に対して筆者が感服するのは、ものごとの本質を明晰に示してくれるこの眼力なのだ。

Java の天下はいつまで続くのだろう。世に存在する Java コードの多くは抽象化の適用率が極端に低いように筆者の目には映る。この宗教においてはクラス＆メソッドの概念が支配的であり、関連経典も「Java といえば class」を呪詛《じゅそ》のごとく連呼するために、Java プログラマーはボトムアップ・プログラミングに対する意識が希薄なのではないか。「データ構造」のテクニカルタームに至っては、Java 本で一度もお目にかかったことがない。Java8 になって無名関数を導入すれど、記法は醜い。マッピング処理はどうにかできるものの機能が貧弱とあっては、Lisp ハッカーたちが「労働者階級の言語は使いづらい」と眉を顰《ひそ》めるのも無理からぬことなのである。

筆者の個人的意見を述べさせていただくなら、オブジェクト指向は 40 点。まずもって、変化に対応する知恵を一つ増やしてくれたことに感謝したい。解法としてはまずまずだし、便利に感じる場面もある。ただ、Common Lisp にしても、C++や JavaScript にしても代替手法でカバーできるため、この機能はなくてもいいやと思っている。むしろ、「コードをデータ側に預ける」という思想が D/C 分離と相反するところに不満が残る。

誰が何と言おうが、ハッカー国憲法第 0 条はオブジェクト指向でもなければ抽象化でもなく、データ構造なのである。

➡ 項番 2.3「関数と副作用」(P.34)
➡ 項番 3.1「データ構造」(P.38)
➡ 項番 9.0「データとコードの分離（D/C 分離）」(P.121)

再確認

オブジェクト指向誕生の裏に潜む、未来永劫《えいごう》通用するであろうハッキングのエッセンスを今一度、再確認しよう。

◆Small is beautiful

「一つの関数には一つのことだけを短く効率的にやらせる」をハッカー国憲法第 2 条とすることを提言したい。

◆仕様変更に対応するための余地を考えられる限りすべてぶち込め

即効性ではなく、未来に対する投資として捉えてほしい。その複利は保証する。保守員や「5 年後の自分」があなたに感謝するはずだ。

バカとハサミは使いよう。髪のとんがった上司だってあしらいようによっては、ハッカーがラクするための踏み台にさせられる。賢明なる読者諸氏ならオブジェクト指向も的確に使いこなせるんじゃね？

4.1　CLOS

前節でさんざん御託《ごたく》を並べておいて申し訳ないが、本書で CLOS（「しーろす」と発音するらしい）を解説するつもりはない。価値を認めないわけじゃない。単に重要度と紙幅の問題だ。「Lisp の構成要素を重要な順に挙げてください」。こんなアンケートを上級 Lisp ハッカーに投げかけたら、CLOS は下から数えたほうが早くなる、あるいは、リストアップすらされないだろう。`defstruct`こそデータ構造を練る上で不可欠なれど、`defclass`は「あれば便利」程度なのである。

『ACL』項番 11、『実践』項番 16, 17 で物足りない方は下記書籍で自習してください。

『Common Lisp オブジェクト指向(CLOS)』Sonya E. Keene 著／稲葉浩人、河込和宏訳
『Common Lisp オブジェクトシステム—CLOS とその周辺—』井田昌之他著

4.2　高級言語と呼ばれちゃいるが

C++は数奇な運命を背負っている。Alan Kay に異端視されるは、ken からコケにされるはと、多くのハッカーたちから罵声を浴びている。にもかかわらず Google 社の共用語のひとつに指定される名誉に浴しているのだから、誠にもって不思議な存在だ。

【C++ 肯定派評】

オブジェクト指向の導入により、コードの構造化が楽になり、サブルーチンの再利用も簡単となり、バグの入る余地も少ない。

『Life』項番 3.7 / arranged by hep

【C++ 否定派評】

私が意図したものでないことは確かだ。

Alan Kay 『Wikipedia』抜粋

たくさんのことを中途半端にやっていて、互いに相反するアイディアのゴミの山みたいになっています。私の知る人間は、個人であれ会社であれ、みんなC++のサブセットを使っており、そのサブセットがそれぞれ違っているのです。そのため、アルゴリズムを移植するのに良い言語ではありません。あまりに大きすぎ、あまりに複雑すぎます。C++はかつて存在したあらゆる機能が取り込まれています。そしてそれによってひどく患っています。

Ken Thompson『Coders』第 12 章 / arranged by hep

C++は最も複雑な言語の一つでもあり、うっかり陥りやすい落とし穴がたくさんある。

『C リファレンスマニュアル 第 5 版』項番 1.1.5

C と C++の関係は、Algol と Algol 68 の関係に同じ。

David L. Jones 『ECP』chapter 11

C++はあらゆることがあらゆる仕方で間違っています。C++は何であれライブラリを使い始めるとバカみたいに肥大化します。C++のどの 10%の部分が安全に使えるのかという点に関しては誰も意見が合わないのです。

Jamie Zawinski『Coders』第 1 章 / arranged by hep

C++は複雑さの閾値をとうに越えていると思います。C++を使っている組織のほとんどはサブセットを作り機能を制限しています。そうしなければコードが複雑になりすぎるからです。

Joshua Bloch 『Coders』第 5 章 / arranged by hep

C++は全部パズルみたいなもの。

Peter Seibel 『Coders』第 5 章

C++は複雑すぎます。小さくもなければシンプルでもありません。

Joe Armstrong 『Coders』第 6 章

【C++賛否派評】

C++には強力な機能がたくさんあります。ところが、その力ゆえに複雑でもあります。C++で書かれたコードはバグを生みやすく、読みにくく、メンテナンスがしにくくなるおそれがあるのです。

C++は数多くの先進的な機能を備えた巨大な言語ですが、このガイドラインでは一部の機能の使用を制限している場合もあります。なかには使用を禁止しているものまであります。コードをシンプルにすることで、こうした機能によって引き起こされる間違いや問題を避けるためです。

Google 社 C++スタイルガイド 『TeamGeek』項番 2.8.1

> C++の構文はひどくて一貫性を欠いています。しかし、C++の新しい仕様は、複雑さを付け加えるにしても、タイプする苦痛を減らしてくれるものがたくさんあります。
>
> Brad Fitzpatrick 『Coders』第 2 章

> **【番外】**
>
> ある程度複雑なプログラムをセキュリティの問題なしに C で書くことがほとんど不可能に近いということで、毎日のようにそのことを感じます。世の中にはたぶん良いプログラマが 1〜2%いて、良い C のプログラムを書くことができます。彼らの実績が広まった結果として、今では十分良くないプログラマが C でアプリケーションを作るようになり、結論を言うと彼らは十分な能力がなく、ちゃんとやることができないのです。
>
> Bernie Cosell『Coders』第 14 章 / arranged by hep

一般的に C/C++は高級言語に分類されるものの、筆者は同意しない。C を低級に分類すべき理由は、ハッカーにかかる負荷が大きいから。メモリーリーク、領域破壊、ファイルシステム資源管理など、真の高級言語においては機械がカバーしてくれることを、コーダーがプログラム上で明示しなければならないのである。Graham 師は C を「ポータブルなアセンブリ言語」と評したが、言い得て妙だ。たぶん、C/C++を完璧に使いこなせるのは神だけだ。Cosell 氏の考察やグリーンスパン第 10 規則もこのことを指しているのだと思う。

C ハッキングは難しく、採用案件が減少しているのも周知の事実。それでもひとつ言わせてほしい。OS 寄りの動作原理、特にメモリーまわりを学ぶのには有用だということ。勉強やら課題といったお堅いことは抜きにして、ゲームでも自作しながら C 言語と戯れ、ハッキングの深淵を覗いてほしい。

Google 社が C ではなく C++を選択したのはオブジェクト指向を求めてのことなのか。善き者にとっては良いほうへ作用する。そう結論づけようではないか。

コードは小さく、変化に対して柔軟に。

➡ 項番 1.0::再帰再考（P.11）
➡ 項番 3.4「Macro in C」（P.49）

第5章

Lispの優位性

Lispマッピングの優美性については第2章で、Lispにおける最大のパワー源がマクロであることを第3章で示した。そのほかにも、他言語に対する優位性を主張できる要素があるので、いくつか紹介しよう。

5.0　クロージャーから望む風景

クロージャー（closure＝閉包）を一言で表せば「関数を、隠蔽した変数群で囲ったもの」あるいは「関数と、それを評価する環境をひとまとめにしたもの」である。

この概念はあまりにも有用、かつ、実装方法も多様なので一概には言いにくい。あえて最頻適用ケースを挙げるとすれば「戻り値を関数とする関数」だろうか。この機能は多くの言語が採用している。Lisp教信者以外の人とて、勉強して損はない。

クロージャー理解の起

イメージとしては「クラス内のメンバー変数はメソッドからしかアクセスできない」を思い浮かべればいい。JavaScriptふうのコードを用いてクロージャーの概念を説明すると図5.0.0のようになる。

二重線で囲まれた部分においては関数のみが公開されており、変数`stat`、`cnt`は関数`reset`、`foo`のみがアクセスすることを示している。

C++、Javaプログラマーから「こんなのフツーじゃん。この著者は何をそんなに騒いでんの？」と後ろ指をさされそうだ。お平《たい》らに。ものには順序というものがございます。とりあえず今は「クロージャーとは、関数を付随環境で閉包したもの」と記憶していただければ結構です。

```
var  stat = 0, cnt = 0;     // 非公開

function reset(val){        // 公開
   stat = val;
   return(stat);}
function foo(val){          // 公開
   stat -= val;  cnt++;
   return(stat);}

var  now, max;
window.onload = function( ){
  max = reset(100);
  now = foo(2);
};
```

図 5.0.0 関数を、隠蔽した変数群で囲む概念図

承

読者諸氏は図 5.0.1 のような C コードを引き継いだ経験をおもちだろうか。

```
int beginners(int arg0, char *arg1){
    int  len = arg0;/* ムダ */
    char  *str = arg1;/* ムダ */
        :
```

図 5.0.1 初心者が書く典型的なコード

これは『K&R』項番 1.8 を未消化の新人がやらかす典型的なミスといえる。

> “call by value”は資産であり負債ではない。通常は余分な変数はほとんど使わずにすみ、プログラムはよりコンパクトになる。というのは、呼ばれたルーチン内では、パラメータは、都合よく初期化された局所変数として扱えるからである。
>
> 『K&R』項番 1.8

C における関数の引数は呼ばれるたびにメモリーがアロケートされ、そのまま変数として利用できるのだ。この仕組みは有用なので多くの言語が採用しており、Lisp とて例外ではない。

コールされるたびに割り当てられるパラメーターを、閉包環境として転化したものがクロージャーである。

転

JavaScriptにおいて関数は第一級オブジェクトなので「戻り値を関数とする関数」を定義することができる。

```
<script>
function mkfn(env0, env1){// このenv0, env1が「隠蔽された変数群」
  return function(arg2, arg3){
    return (env0 + arg2)*(env1 -= arg3);};}

var  fn0, fn1, key;
window.onload = function( ){
  fn0 = mkfn(3, 5);
  fn1 = mkfn(7, 11);
  key = fn0(31, 37)*fn1(41, 43);
  alert(key + "でございます");
};
</script>
```

図5.0.2　戻り値を関数とする関数の実装例

mkfnをコールした際にアロケートされる変数env0、env1は関数を取り巻く状態を保持しつつ、fn0、fn1のみが個々にアクセス可能なものとなっている。

図5.0.2から導き出される考察は下記となろう。

◆微小な違いをもつ関数は量産が可能

◆隠蔽された環境変数は外から見えないため、名前汚染に悩まされることは皆無

ハッカー国民の義務「定型処理はコンピューターに任せてしまえ」との関係性がおぼろげながら見えてきただろう。もし読者諸氏が、クロージャー機能を有する言語を用いてハックするなら、似たような関数を手書きするなどという愚を犯かすことなく、これを有効活用してほしい。

さて、筆者が本節を起こそうと思ったきっかけは下記書籍である。

『JavaScript Ninjaの極意』John Resig、Bear Bibeault著／吉川邦夫訳

JSハッカー必携の優れモノである。のみならず、担当言語不問でハッカー国民全員が楽しめる良書であると筆者は考える。『Ninja』第5章ではクロージャーに関する解説が綴られている。読者諸氏にもご一読願いたい。

結

クロージャーをLisp自治州へ持ち込んだ結果が図5.0.3である。

```
(defun mkfn (env0 env1)
  #'(lambda (arg2 arg3) (* (+ env0 arg2) (decf env1 arg3))))

(setf rslt (map 'list (mkfn 7 11)
  #(107 113 127)
  '(1001 1003 1007)))
```

図5.0.3 クロージャーのLispへの導入例

これをCで組むと何行になるのか、計算する気も失せてしまう。代えの利くコードを書くのは可能かもしれないが、伝統的なCマクロに反するものの投入が予想される。

「短い」というのは良いことだ。いろいろなアイディアを比較検証するのがラクだから。ぷろぐらまぁたちが1種類のコードを動かすべく悪戦苦闘しているのを尻目に、Lispハッカーは多くの比較検討を済ませ、最良解を得ているというわけだ。蛇足ながら、図5.0.3のmkfnがプラグインをとるようになると…?!! 創造力を掻《か》き立てられる。ただし、ゆめゆめ忘れないでほしい。ほどほどに。

➡ 項番10::「選択肢（恩師・中山先生の教え）」(P.144)

Judgement Day

Lispの機能十全をもってサーバーアプリ開発をすると、対C言語の生産比20倍どころではないと筆者は確信している。パソコンやスマートフォンにインストールする端末アプリとは複雑度が桁違いなので。乱れに乱れた麻の群生地を撫で斬りにしながら前進しなければならない状況においてこそ、快刀Lispは真価を発揮する。

「比較対象をCにするのは反則やろ?!」そう叫んだあなたは正しい。2021年現在において、Lisp系言語と比較すべきはPerl、Ruby、Python、JavaScriptだろう。これらの言語もクロージャーを備えているし、サーバーサイド用途としての実績もある。だが、マクロが決定的に違う。なにしろ、それらの言語から意図的に排除されているのだから。

それらすべてを踏まえ、以下に示すLispの特色を統合的に吟味していただきたい。

◆微小な差異のある関数はクロージャーを用いて量産できる。しかも、環境が隠蔽されるので堅牢性は申し分ない

◆そこそこ差異のあるルーチンは、マクロを土台としたボトムアップの積み重ねによっ

て、最小限の労力で作成可能

◆微細ソリューションの掛け合わせたる高階関数&マッピング処理を連鎖させれば、データの加工とフィルタリングはアホみたいに簡単

◆関数プログラミングを取り入れる余地が多いため信頼性が高く、並列処理に強い

◆世界最高のハッカーたちが開発した多種多様なライブラリーを無料で入手できる。こっそり使ったところで誰も気づかないし、Lisp グルたちもセコいことを言うとは思えない

個々の要素だけでも値打ちモノだが、これらすべてを掛け合わせると、とてつもない複利が得られる。どれが欠けてもだめだ。全部揃っていることが重要なのだ。これぞまさに Lisp の Lisp たる所以《ゆえん》である。さらにここへ「適切なデータ構造」を持ち込めば、鬼に金棒。巷の安物ぷろぐらまぁたちが束でかかっても捌ききれない仕事量を、あなた一人でこなせるようになる。誇張ではない。上級 Lisp ハッカーが本書を読んだなら「まったく、そのとおり。何をいまさら？」と返すはず。

ハッキング技術の粋がここまで一堂に会した言語は、筆者の知る限り Lisp だけだ。ただし、マクロのようなハイリスク&ハイリターンなものをプログラミング初心者が使いこなせるとは思っていない。だが、未来はある。項番 1.1 で述べたように、若い人たちも Lisp で遊び始めているのだ。単なる AI を HAL や Skynet へと進化させるもの、すなわち謎のモノリスを生み出すのは彼等のようなスターチャイルドなのだろう。

Lisp と C との比較に無理があるとなっては当然ながら、C++や Java との比較もフェアじゃない。にもかかわらず、JavaServer Pages は.html を動的生成するべく、けなげに立ち振る舞っているのが現状である。おお紙よ、残業続きの Java プログラマーたちにお慈悲をば。両陣営での業務経験をもつ筆者の切実な祈りなのだった。

Lisp の素晴らしさが伝わったであろうか。また、筆者が項番 4.1 CLOS を駆け足で抜けた理由をご理解いただけたであろうか。もしも本節を完全に理解したそのとき、あなたに悟りが訪れることを約束する。

クロージャー >>> クラス

クロージャーの扱いに不慣れな方の中に、下記のような疑問をおもちの方はおられるだろうか。

Q. クロージャーが便利そうなのは理解した。でもそれって、クラス&メソッドで代替できるのでは？

その問いに対する回答は「言語の仕様による」である。

Common Lisp におけるメソッドは第一級オブジェクトでないため、プラグインとして渡せない（『実践』項番 16.1）。ただし、総称関数やアクセサーは可能。

JavaScript においてもメソッドは第一級オブジェクトではない。メソッドを関数としてラッピングしてようやく引数やジャンプテーブルに用いることができる。

C++のメンバー関数も事情は Lisp や JS と似たり寄ったりであり、一手間かけなければプラグインとして用いることができない。

少なくとも Lisp ハッカーは「クロージャー≒クラス」とは捉えない。利便性についても「クロージャー >>> クラス&メソッド」と考えている。

クロージャー外縁部

『Ninja』日本語版ではクロージャー、および、その外縁概念「部分適用」「カリー化」の解説に 36 ページを割いている。しかし、我等が同胞であれば「ああ、それって要するに、こういうことね」とつぶやき、以下の 2 行で要約・理解・応用するだろう。

```
(defun mkfn (env0 env1)
  #'(lambda (arg2 arg3) (* (+ env0 arg2) (decf env1 arg3))))
```

嗚呼、美しき哉、汝 Lisp よ。ものごとの本質を掴めば、長大な説明や気どった専門用語はお払い箱となる。読者諸氏にも、この境地に到達してほしいと筆者は心から願っている。

最後に Resig 氏の名誉のために言わねばなるまい。『Ninja』は決して冗長な読み物ではない。Lisp の内包する技術背景が偉大なだけなのだ。

5.1　ハイパフォーマンスLisp？

コーディングをあらかた終え、残すはチューニングのみ。お楽しみの時間の到来だ。

他言語におけるこの種の本をネットで検索すると、いくつかの書籍がヒットする。そしてそれらは、ぶ厚い一冊としてまとめねばならぬほど、微に入り細を穿《うが》つ念の入れようである。ところが Lisp にはそのような専門書は存在せず、冒頭で紹介した正読書において数ページが割かれる程度だ。また、既存の Lisp 本を噛み下して組んだコードが重かったことも筆者の経験上ない。

一応、あるにはある Lisp の高速化技法。なぜこれほどまでに簡素なのか、筆者の足りない脳ミソで考えてみた。

◆Lisp の定石を踏まえれば、パフォーマンス上の問題が発生することはほとんどない

◆Lisp そのもののシンプルさゆえ、定石を著しく逸脱するコードが書きにくい
「Lisp では非常に効率の悪いプログラムを簡単に書ける（©Richard Gabriel）」との意見もあるが、先達の知恵を借りまくっている筆者には実感がない。Lisp を用いて非効率なプログラムを書く手っ取り早い方法は、なにもかもを末尾追加リスト処理することかも。

◆ライブラリーが高性能なので、パフォーマンス問題に悩む機会がない。FFI（Foreign Function Interface）を用いた.so 共有ライブラリーへのアウトソーシングも可能
→.so の活用法については本書巻末の字句解説を参照

結局のところ、あらゆるプログラムに共通する最上の高速化技法は「小さい」なのである。

バイナリーレベルで見て、処理すべき命令が少なければ処理時間も小さい。

バイナリーレベルで見て、占有するメモリーが少なければページフォルトやキャッシュミスが減少する。

高速化といえば凝縮。その主柱はデータ構造。詳しくは『人月の神話』第 9 章を熟読されたし。

筆者がくどくど述べたところで百戦錬磨のハッカーにとっては釈迦に説法。読者諸氏はこれまでどおり、自信をもって Lisp 道を邁進してほしい。

「3G、4GHz 級&10 コア」CPU が市販される今となっては処理速度よりも、ソフトウェアの開発速度と残業代のほうが悩ましい。

5.2 Lisp is simple

Lisp を修得するのはそんなに困難なのか？

筆者の答えは NO。

文法は単純。いくつか存在するコツに関しても原理は明快。とにかくシンプルなので、C++や Java に比べれば、覚えるべきこともコーディング時のタイプ総量もはるかに少ない。項番 4.2 で示したようなエラーを防止するための低級操作に神経を割く必要もない。ただひとつ、マクロを正しく深く理解するのが困難なのは認める。

多くの人が Lisp を敬遠する理由は、傍《はた》から見たカッコの量に起因する食わず嫌いなのだ

ろう。単純モデルを希求する現代っ子にとって、これほど理想的なプログラミング言語はないと思う。

第6章

ブラウザーアプリ

コンピューター産業に携わる人や一般企業のIT部門の方々は次のような願望をおもちではないだろうか。

パソコン、タブレット、携帯電話など、機器やOSに関係なく動作するソフトを作れないものだろうか？

この種の願いを実現しようという最も有名な試みがJavaだろう。「Write once, run anywhere」というキャッチコピーを引っさげ、Unix系とWindowsの垣根を越えて、いつしか携帯電話向けアプリ製作にも用いられるようになった。

Javaの次に筆者が出会ったマルチプラットフォーム・アプリはAdobe Flash Playerだった。ブラウザーにplug-in[4]をインストールして、ゲーム等のマルチメディア・ソフトを手軽に楽しむためのものだ。Flashが登場した時分は筆者も「目のつけどころがいいな」と感心したものの、次世代技術が現れた途端にみなの記憶から追いやられる運命となった。その技術こそ本章の主題であるブラウザーアプリである。

ブラウザーアプリとは、ブラウザーを窓口にしてサーバー処理するソフトウェアを指す。文章作成、表計算、プレゼンテーション資料作成といったビジネス・スートはもちろん、スケジュール管理アプリやお絵描きソフトもある。特殊なソフトやplug-inをインストールする必要は一切なく、URLを指定するだけで起動する。端末にデータを保存しないため、万が一、手元の装置を紛失しても情報漏洩は防げうる。

バージョンアップに関しては、サーバー側を更新するだけなので利用者には無関係。老朽化に伴う端末機器の入れ替えを迫られた場合も、ブラウザーを搭載しているものなら何でも構わない。モバイル端末のCPU性能と通信速度は向上の一途を辿っているので、安価

4　英語表記のものは、アプリケーションソフトに機能追加するパッチ類を指す。P.31の脚注1と混同せぬよう。

な装置を採用してもレスポンスはさほど気にならない。これぞまさにIT部門の人々にとって理想に近いシステムといえる。

スマホアプリしかり、Adobe Flashしかり、ソフトをいちいちダウンロードしたりアップデートするというのも考えてみれば面倒な話だ。だからこそ、Chromebookのような「搭載されるソフトウェアはOSとブラウザー、その他こまごましたものだけ」という機器が生まれ、ブラウザーアプリが普及したのだろう。

IT業界人にとってもカタギの人々にとっても、いいことずくめのブラウザーアプリ。Lisp論の締め括りとして、ブラウザーアプリとLispの関係について語ろうと思う。

6.0　ブラウザーアプリとMVCモデル

まずは、ブラウザーアプリの概略をおさらいしよう。

運用構成

ブラウザーアプリの運用に不可欠な要素は3つ。

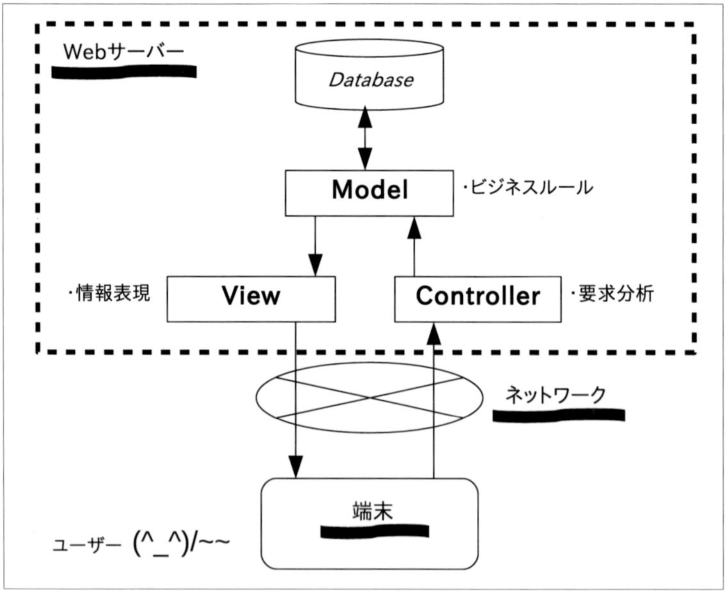

図6.0.0　ブラウザーアプリの運用概略図

(0) 端末

ユーザーは手元の情報端末でブラウザーを起動し、アプリに応じたURLを選択する。

比較的新しいブラウザーさえインストールされていれば何でもいい。

(1) Web サーバー

ユーザーの要求に応じてデータを処理し、結果をブラウザー画面へ反映する。

Lisp の主戦場。本章ではこれの開発手法について解説する。

(2) ネットワーク

万人向けアプリであれば、端末とサーバーを介するのはインターネット。

社内業務用アプリであれば、イントラネットやローカルネットワークなど。

ソースの可視性に関する注意を喚起する（P.81 で後述）ため、あえてインターとイントラを 2 行に分けて紹介させていただいた。

サーバー処理のデザインパターン

ブラウザーアプリにおけるサーバー処理を表すデザインパターンとして著名なのが MVC（Model View Controller）モデルである。

(0) Model

アプリケーションソフトの実処理をおこなう。

『Hackers』第 13 章の言葉を借用・要約すると、「ITA 社が Orbitz にライセンスした航空料金検索プログラムは競争相手を何桁も上回る組み合わせの中から検索したので、Travelocity や Expedia のような先行企業の鼻を明かすことができた」をやってのける部位である。MVC の中で最も複雑な処理をするため、パワーのあるプログラミング言語を用いて実装するほうが有利なのは言うまでもない。

図 6.0.0 ではデータベースと結合した例を示しているが、DB は必ずしも Web サーバー内に存在するとは限らない。むしろ、別個のデータベースサーバーとローカル接続するケースのほうが多い。

(1) View

Model の処理結果をユーザーが見やすいように加工して提供する。

ブラウザーから URL を指定された際に Web 画面を構成する役割も担う。図 6.0.1 で

```
<html>
    <head>
        <title>hello, world.</title>
    </head>
</html>
```

図 6.0.1 HTML タグと規則性

示すようにHTMLタグは「開始語＆終了語のペア」の規則性に満ちているため、その動的生成はLispの十八番《おはこ》である。

➡ 項番 3.2::「コンピュータープログラムにプログラムを書かせる」(P.43)

(2) Controller

ユーザーがブラウザー操作した結果として送信される各種要求を解析し、Modelへ転送する。

前の2項目に比べると処理内容は平易。

予言者Graham師

Lispベースのブラウザーアプリ開発について『Hackers』が第5章を丸々割いて概略を記している。Graham師がViaweb社を設立したのが1995年とのことなので、.html動的生成の歴史開闢《かいびゃく》とほぼ同時期である。ITA社によるOrbitz向けソフト開発は、その少しあとのことだ。

筆者は『Hackers』を開きながら本稿を書いている。少なくとも20回は読み返したので本の縁は手垢で薄茶け、いたるところにマーカーとメモ書きが見える。ソフトウェアはインストール方式ではなく、ブラウザーを窓口としたサーバー処理が理想であると提唱し、その理由や利点について細かな分析も説いておられる。抜粋を紹介したいところではあるのだが、引用箇所のあまりの多さゆえ転載に該当しかねないのでやめておく。ブログを書くことによって意見が固まった部分もあるだろうけれど、25年前の時点で現状を見通して

Lot#07　預言者は殺され、予言者は崇められる

おられたのだから、師の慧眼《けいがん》たるや恐るべし。本書を手に取る方なら『Hackers』を購入済みであろうが、まだの人はぜひとも熟読してほしい。そして、読者諸氏が同書から悟りを得られたのなら、一同志として私も嬉しい。

6.1 HTML5 + JavaScript + CSS3

向こう5年のあいだに新発売される情報端末が、ブラウザー未搭載などということは予想しがたい。「ググる」という言葉が象徴するように何か調べものがあるとき、人はブラウザーを立ち上げ、知りたい対象について検索する。YouTube を閲覧する際に用いるソフトもブラウザー。手入力か音声入力か、などという瑣末な違いはどうでもよくて、「使い方が簡単」「知りたい情報を素早く手に入れられる」という根源的なパワーが「ブラウザー + ネットワーク」にあるのだということを強調したい。

2021 年現在、地球上に何種類のブラウザーが存在するのか定かではないが、どのような端末で、どのようなブラウザーを使用しても、同じページにアクセスすれば同じような画面が表示される。その理由は、HTTP や HTML 等々の規格が画一的動作を求めるため。Java や Adobe Flash Player のような単一企業が支配するものではなく、誰もが使えるオープンな技術だけを使用して多様な機器に同じ動作をさせる。本章の冒頭で示したみなの希望を現実させる手法こそ「HTML5 + JavaScript + CSS3」なのである。

HTML5

Windows 95 が登場する以前は GUI（Graphical User Interface）アプリ開発は多難だった。まずもって技術資料が少なかった。主処理以外に、ボタンやツールバーといった UI の作り込みも必要。絵画的なものを表示させるだけでも一苦労なのに、あれもこれもせにゃならぬ。工数増加は避けたいところであるが、GUI アプリの使い勝手を一度でも知ってしまったからには、コマンドアプリに戻るなんてできやしない。そのようなアプリ開発者のジレンマを解消してくれたのが Win95 だったと言っていいかもしれない。ユーザーにしてみれば悪夢の始まりだったのだが。

ブラウザーアプリ開発の有利な点として真っ先に挙げたいのが、ユーザーインターフェースの実装が容易な点だ。リストボックスやラジオボタンといった典型的なウィジェットがあらかじめ用意されており、キー入力・マウス操作の検出も容易。HTML に関する書籍がゴマンとあれば、インターネットを検索して多種多様な情報を手にすることもできる。未来のことを予測するのは難しいけれど、この先、Web 関連技術がマイナーチェンジを重ねることはあっても、下位互換を大きく損ねるほどの変革はないだろう。つまりブラウザーアプリ技術は、ひとたび知識を身につけてしまえば、長く多方面へ活用できる

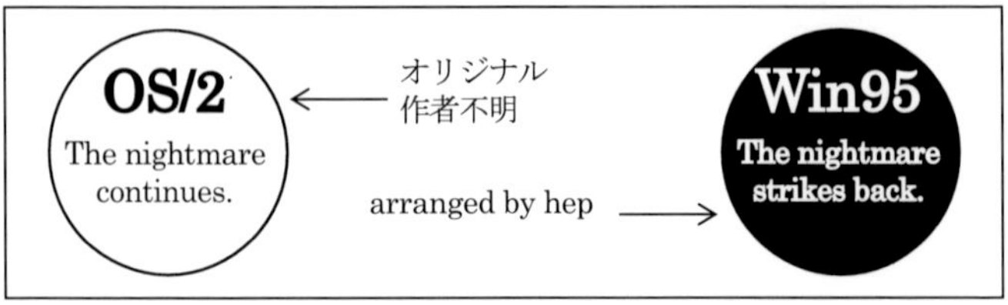

Lot#08　おしゃれバッジ0

可能性が高いのだ。

HTML が 5 へと進化したことにより、ブラウザー内の画像処理がラクになった。Linux や Windows といった OS 依存の表示系プログラムと比較して、画素単位でディスプレイを制御するのが容易なのだ。是即ち、素人が GUI アプリを開発する時代の到来である。音声処理は未だに厄介だが、時間の問題であろうと筆者は考える。

JavaScript

2021 年現在、地球上で最も重要なプログラミング言語は JavaScript ではなかろうか。なにしろ、その守備範囲はブラウザー制御のみならず、サーバーサイド・プログラミングにも用いられているのだから。Lisp 振興会広報担当の筆者としては歯《は》痒《がゆ》いけれど、JS の有用性と習得者数は Lisp のはるか上をゆく。

JS がここまで注目されるようになったのは HTML5 の存在あってのものだろう。なにしろ、GUI アプリ開発を容易にしたマイルストーン技術なのだから。本書を手に取るような方ならご存知であろうが、JS と C 言語の文法は瓜二つである。C は UNIX を書くために生まれた経緯もあり、ビット・バイト処理を伴うプリミティブな画面表示処理も得意としている。HTML5::canvas を処理する言語として JS が適しているのも当然なのである。

表示系処理に優れているということは、高速な CPU さえあれば、たいていのことができるということ、たとえ 3D グラフィックスゲームであっても。筆者はいくつかのゲームとレトロゲーム機エミュレーターを JS で組み、満足のゆく結果を得た。しかもそれが装置不問で動くのだから、ブラウザーアプリの可能性に疑いの余地はない。

そのような技術的背景を抜きにしても JavaScript を勉強するのはおもしろい。項番 5.0 で紹介した『Ninja』に限らず JS 関連書籍には良書が多く、言語仕様の奥深さもさることながら、ハッキングのおもしろさまで再認識させてくれるのだ。さらにその深奥に位置するであろうものが Lisp なのも筆者にはたまらない。「C → JavaScript → Perl → Ruby → Lisp」と辿ってゆけば、言語の系譜と上下関係が見えてくるはず。その上で筆者も言おう。Lisp こそプログラミング言語の頂点であると。

最後にブラウザーサイド JS に関する欠点を 3 つ。

(0) やや重い

インタープリター方式では当然。とはいえ、ゲーム以外で速度が問題になることはない。少なくとも筆者の知る限りは。

(1) マクロがない

インタープリター方式では当然か。いつの日か、マクロ機能を有するインタープリター型プログラミング言語が登場するのだろうか。

(2) ブラウザーサイドのソースが丸見え

イントラネット ONLY なら全く問題ないが、インターネットへアップするものについては一慮が必要。もっとも、サーバーサイド・プログラムが晒《さら》されるわけではないので、JS を覗かれることなど屁でもない。

コラム——JavaScript と C

JavaScript の構文は、演算子の優先度と結合規則を含めて C 言語そっくり。JS の設計開始は 1995 年。当時すでに C/C++が斜陽に入り、Java が勢力を拡大しつつあったのにもかかわらず、なぜ、あえて C に似せたのか。その理由を Brendan Eich 氏のインタビュー録（『Coders』第 4 章）から拾い上げてみよう。本書の項番 4.2 と併せてお読みいただきたい。

「JavaScript のデザインに影響を与えた言語は Self、HyperTalk、HyperCard、そして awk。私は古い Unix ハッカーなので」

「Java はある意味ネガティブな影響がありました。Java に似せる必要があったのですが、プリミティブ型とオブジェクト型を分けるようなバカなことを持ち込むわけにはいきませんでした。それからクラスみたいなものも入れたくありませんでした」

「Java のような労働者階級の言語は、いかれたジェネリックシステムなど持つべきではありません」

「C++は楽しくない。機能の大半を使えはしますが、多すぎます。型システムはたぶん Java よりはいいと思いますが、私たちはいまだに 70 年代のデバッガやリンカではまりまくっています」

Knuth 先生も「だめなアイディアが確立されて多くの人々を巻き込むと、ひそかに満足感を覚えるのですよ。例えば Java とか（笑）」とおっしゃいます（『めったに』第 1 回講義）。

CSS3

CSSとは、旧来、HTMLタグ内に記述していた装飾情報を、分離・流用するためのもの。論理構成的なものとデザイン的なものを分離するメリットを挙げてみよう。

(0) 分業しやすい

イメージ戦略を重視する企業のホームページを覗いてほしい。背景、ウィジェット、文章の配置等々が洗練されているのは一目瞭然であり、ダサいページと比較すれば100人中99人が前者を褒めるはず。そのようなものを制作するためにはWebデザイナーの存在が不可欠であり、少なからぬ人・時間・カネを割いているのは間違いない。筆者にはデザイナーの知り合いがいないので確かなことは言えないけれど、彼等もCSSとHTMLを勉強し、ページの外見だけは自前で仕上げていると思われる。また、プログラマーチームと並行して仕事ができれば、開発期間の短縮が期待できる。

(1) 変更作業がラク

お揃いのものが整然と並んでいるのを見ると、人は満足感を覚える。美術学校を卒業したGraham師は「良いデザインは対称性を使う」と説いている。身近な例を挙げれば本棚だろうか。多くの人はシリーズものを巻の順序にしたがって整列させているに違いない。あるいは街行く人のスーツ姿を眺めてもいい。上下お揃いの様相が醸しだす一体感は、彼等に対する好感度を10%ほど上昇させるのではなかろうか。

Lot#09　プラハ市街地（屋根の色・壁の色が醸しだす統一感が美しい）

Webの世界においてもこの原則が当てはまる。人目を引くページではユーザーインターフェースになんらかの規則性が与えられているはず。並列の関係にあるデザインに対しては同一の装飾情報を付与すればいいわけだが、それを可能にする近道はCSSの記載内容を使い回すこと。ひいては実装が大幅に簡略化され、バグも減らせる。装飾情報はスタイルシートと呼ばれるファイルを起こし、htmlファイルからリンクするのが一般的だ。装飾情報を一元管理することにより開発も修正もDo it onceで済むのだから、ボトムアップがいかに能率的な手法であるか読者諸氏にもご納得いただけると思う。

「規則的な配置」については、位置情報をウィジェットタグ内へ記述するのだが、これぱかりは手作業で書いてゆく……というのは過去の話。規則的な位置関係なんてものは計算で求まるのだから、コンピューターにやらせるのが必然的な流れだ。その実現手段については次節で触れる。

CSS3 には悩ましい問題もある。現在のブラウザーには大きく 3 系統が存在し（Gecko、Webkit、IE)、動作にズレがあるのだ。動作の差異は無視できないほど大きく、改修規模もそれなりの量になってしまうことがある。場合によっては、捨てるべきところを切り捨てる決断も必要だろう。

6.2 .html動的生成

太古における Web サーバーは、既存の.html ファイルなり.jpg なりを HTTP リクエストに応じて送信するだけだった。つまり、同一のページにアクセスするとブラウザーが表示するのは、いついかなるときも同一の画面だったのである。公官庁の Web ページ不正改竄《かいざん》が事件として大きく取り沙汰されたのも、コンテンツが固定化されていたため。「すでにあるもの」を書き換えてしまえば記載内容は思いのまま、という状況に犯人が目をつけたのだ。

一転、現代の Web ページはめまぐるしい。ショッピングサイトにアクセスすれば、日々異なるお薦め商品が提示され、広告が刻々と変化して動画や音声も流れる。それを実現するために.html ファイル更新を人の手でおこなう、などということはもちろんなくて、サーバー内のプログラムがデータを選択して画面に反映させている。

Web ページの表示内容を流動的に変化させる手法は数多く開発された。そのうちのひとつが本節の題目「.html 動的生成」である。前節の最後で紹介した「ウィジェットの配置座標をコンピューターに計算させてタグへ埋め込む」というのは序の口にすぎず、さらに複雑なことを自動化するのも常道だ。「ブラウザーのリクエストに応じて、その都度.html ファイルをジェネレートして返信する」、つまり「静的コンテンツが存在しない」ということはクラッカーにとっても手を加えるのが困難であるため、改竄に強いといえる。

.html動的生成の歴史

2021 年 6 月現在、Web サーバーのシェアは次ページの図 6.2.0 のようだ。当然というべきか残念というべきか、この種の調査結果に Lisp が登場することはないだろう。

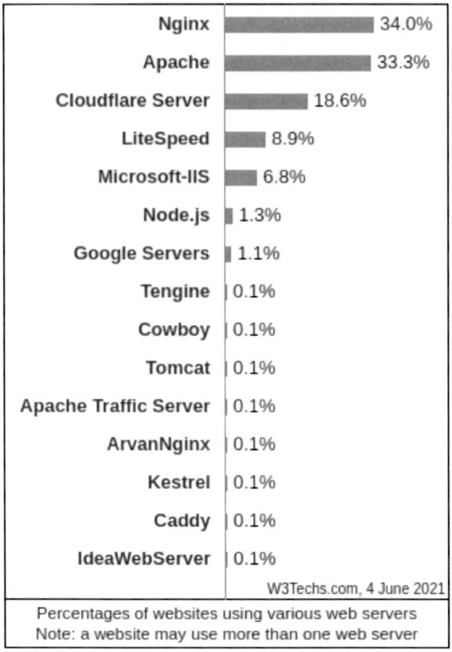

図 6.2.0　Web サーバーのシェア 2021 年 6 月（W3Techs 社調べ）

.html 動的生成の歴史は 1990 年代半ば、MetaHTML や PHP などの登場によって幕を開けた。その流れは Microsoft Active Server Pages、JavaServer Pages（Tomcat をコンテナとする）へと連なり、2010 年までには Ruby on Rails などが続いた。なお、「流動的 Web ページ」を「いついかなるときも同一の画面、ではない」と定義するなら、「<div id="foo">」などを狙い撃ちにして表示内容を局所的に変更する技術等も含むのだが本章においては、.html ファイルをジェネレートする技術に焦点を当てていることを再度強調する。

我等が Lisp 陣営における「Web サーバー + .html 動的生成」のはしりは AllegroServe だと思われる。申し訳ないが筆者には確かなことはわからない。なにしろ Lisp は 1980 年あたりから冬の時代を迎え、雪解けは未だ遠い状況にあるため、不明な部分が多いのだ。今では選択肢が複数存在し、Weitz 師作の hunchentoot や Foderaro 師作の PortableAllegroServe、あるいは、Lyon Bros. Enterprises, LLC 提供の Wookie など、処理系と組み合わせていろいろ選べるようになっている。

ブラウザーアプリ界の一里塚

IT 技術は日進月歩であり、さまざまな技術が生みだされては消えていった。インターネットが今日のかたちになるまでには多くの紆《う》余《よ》曲《きょく》折《せつ》があったわけだが、ブラウザーアプリの可能性を押し広げる技術もいくつか開発された。その中から特に重要と思われるマイルストーンを筆者の独断と偏見で紹介させていただく。

(0) AJAX（Asynchronous JavaScript And XML）

JavaScript と XML による非同期通信。ブラウザーとサーバー間でデータをやりとりする仕組み。ボタンを押したり、プルダウンからアイテムを選択すると画像が差し替わったり、.html ファイルが再生成されるなど、多様な変化が起こる。そのぶん、サーバー側の Controller 部位も複雑になるが、Lisp をもって対処すれば朝飯前である。

AJAX を応用した最も有名なブラウザーアプリは Google Maps だろう。現在位置、住所入力等を反映して多角的な動作をする。

(1) JavaScript ライブラリー

JS の使い勝手が劇的に向上したと筆者が初めて実感したのは prototype.js を使ったときだった。拡張機能、略記法などを用いるとブラウザーアプリの開発効率が大幅に向上する。

jQuery の登場も鮮烈だった。標準 HTML にない多彩なウィジェットを提供し、多様な操作が可能となった。筆者の記憶が曖昧で申し訳ないが、スプレッドシート機能も、このときに知った気がする。View 部位の拡充、Controller 部位のテスト効率向上など、さまざまな恩恵を受けたものだった。ちなみに、jQuery の作者は、項番 5.0 で紹介した『Ninja』の著者 John Resig 氏である。

(2) HTML5

Web のマルチメディア化が加速したのはこれが契機だった。canvas を用いた自由な描画。Buzz ライブラリー等による簡易な音声ファイル再生。Flotr2 ライブラリー等によるデータ・ビジュアライゼーションなど（図 6.2.1）。よほどの高速処理を必要とするソフト以外はブラウザーアプリでカバーできてしまう時代になったのだ、と筆者は感嘆したものだった。jQuery もしかり、アプリの種類を豊富にしてくれた。

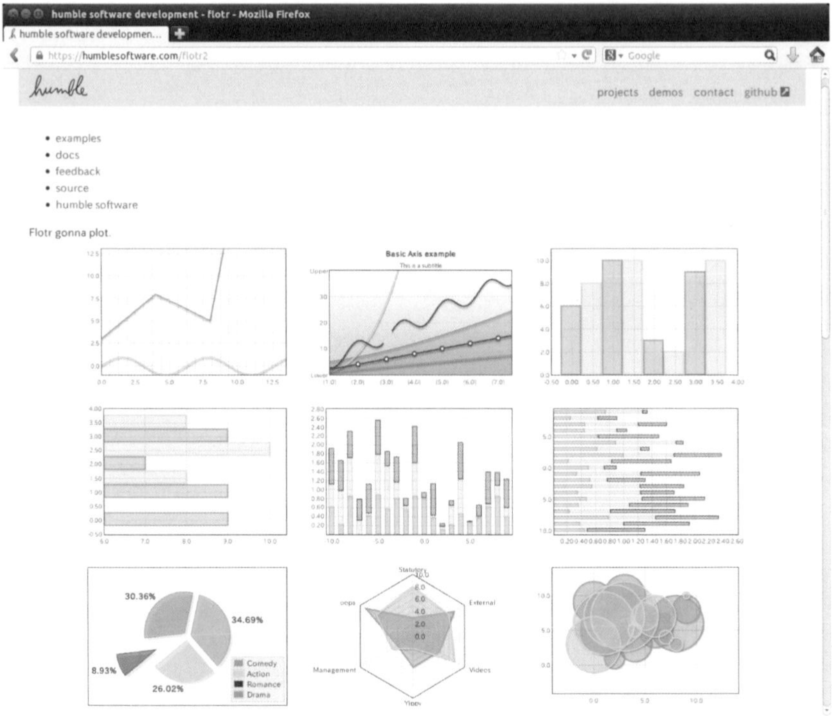

図 6.2.1　Flotr2 のグラフ機能の一部（https://humblesoftware.com/flotr2 抜粋）

.htmlファイル再確認

前節では HTML5 と JavaScript と CSS3 をまとめて扱った。Web 系業務未経験者は「HTML のジェネレートはともかくとして、JS は<link rel=”script” href=”foo.js”>で、CSS は<link ref=”stylesheet” href=”foo.css”>で取り込むのでは？」と思うかもしれない。それはそれで正しい。ただし、スクリプトやスタイル定義のすべてをリンクする必要はなく、一部を.html ファイルに直書きすることも許されている（図 6.2.2）。我等が友人ブラウザーは賢くも、.html 側に記載された JS や CSS をきちんと読み分けてくれるのだ。

例によってお偉いさんがデモを見て「divタグの縦横サイズとフォントサイズはそのままで、背景のみグラデーションを与えたい」、あるいは「垂直側の間隔をあと 5 ピクセルずつ広げたら、どんな感じになるか見てみたい。すべてのページでな」とのたもうたとしよう。それらをスタイルシートや静的.html で試行する場合、似たようなものをいくつも追記

```
<!DOCTYPE html>
<head>
<style>
.d0{width:241px; height:100px; font-size:80%; bgcolor="#202020";}
</style>
</head>
<body>
<div id="foo0" class="d0" top="25px">Peter Piper picked a peck of
pickled peppers.</div>
<div id="foo1" class="d0" top="135px">Zzz...</div>
<div id="foo2" class="d0" top="245px">Now printing.</div>
<script>
window.onload = function( ){
  alert("Hello, this is JavaScript alerting.");
};
</script>
</body>
</html>
```

図 6.2.2 スクリプトやスタイル定義を.html ファイルに直書きする例

したり、y 座標をあちこち変更したりと非常に面倒なことになる。片や動的.html、特に Lisp のformat関数を用いたジェネレートならば、類似物の生成がウソみたいに簡単なことは項番 5.0 から察せられよう。そのようなプロトタイプ品評会は幾度となく繰り返されるかもしれない。効率にせよ正確性にせよ、定型作業に関してはコンピューターのほうが数億倍も上手なのだから、人間様は彼等の力を借りればいいのだ。

ここまで丁寧に読み進めてくださった方ならお気づきだろうが、動的生成の対象は JavaScript 部分も含まれる。そして Lisp ならそれが、いとも簡単にできることもお察しのとおりである。使い勝手の良い JS ライブラリーを採用すれば、開発効率をさらに向上させられる。

JavaServer Pages

筆者は AllegroServe/hunchentoot ベースと JavaServer Pages（以下、「JSP」の略称と併用）ベースの 2 通りでブラウザーアプリサーバーを開発した経験がある。結論からいえば、開発効率は Lisp の圧勝だ。率直な感想を言わせてもらえば、50 対 1 の開きがあると感じた。Lisp での作業に慣れ親しんだあとで JSP を担当すると、MVC モデル処理のどれひとつとっても「無駄な無駄」のあまりの多さに発狂しそうになった。Ruby on Rails ですら不満だらけだった身としては、いわんや Java をや、だ。

そもそも、.html ファイルをコンピューターにジェネレートさせること自体が力技なので、非力な言語を用いるのが間違いなのだ。加えて、より複雑なサーバー内部処理（Model

部位のこと）まで低階級言語で実装しようというのだから正気の沙汰とは思えない。では、どこが無駄だというのか。その要因に関する分析も含め、JSP ベースのブラウザーアプリ開発で得た筆者の所感を挙げてみる。

◆似たようなコードを大量に書くことが求められる

何かひとつ処理をさせるにしても、いろいろなコードをさまざまなファイルに分散させるため、現状を把握するだけでも大変だった。しかも、微小な差異しかない処理に対してコードを一対一で結びつけたため、似たようなプログラムが大量に手書きされていたのである。おまけにその開発現場ではコメントを添える習慣が皆無だった。「マクロか、せめてクロージャーがあったら」と筆者は何百回心に唱えたことか。あるいは、コーディングの仕方を改善すれば状況を少しは好転させられるのかもしれない。

「差異が微小」「差異の強調がない」「コピー&ペーストした大量のコード」「繰り返し作業だらけ」。なんということでしょう。コンピューターが最も得意とし、かつ、人間が苦痛を感じることのオンパレードではありませんか。想像してください、そのようなプログラムを担当してしまった開発者の苦悩を。Larry Wall 氏は怠惰を美徳のひとつに数えましたけれども、それはコンピューターの備える抽象化機能を活用した建設的怠惰を指すのであって、断じてコピペではないのです。

なぜこのような状況に陥ってしまったのか、筆者の答えはこうだ。

o. 言語が貧弱

Java の進化は複雑さを増大させるばかりで本質的な改善は皆無に思える。まずもって、既存のコードに対して機能追加するにあたり、一貫性から大きく逸脱する真新しい記法を取り入れるのは好ましくない。また、言語側が進化を続けたところで、既存の書式に慣れ親しんだぷろぐらまぁが変化を受け入れたり、新機能を使いこなす可能性は低い。純粋培養された Java プログラマーたちがラムダ式や末尾再帰を使う気に、果たしてなるのか。Lisp グルたち、ならびに言語設計者であらせられる Wall 氏、Matz の意見をぜひ頂戴したく存じます。

i. 関連書籍

新機能や class ばかりをクローズアップし、データ構造や抽象化の重要性について一切言及しない。

ii. 時代の流れ

宿題の答えをインターネットに求め、コピー&ペーストで済ませる習慣を身につけてしまった世代の必然ともいえる。携帯電話で遊びながらプログラミングするのもいただけない。

iii. 仕事量が多いため、安易な解に流される

JSP 開発者は残業続きである。水が低きに流れたとて誰を責められよう。

この状況を招いた要因としてプログラミング教育の劣化や、開発者の能力不足を挙げるのは筋違いというもの。筆者の大学時代を思い返してみても講義内容は基礎的なことが多かったし、抽象化について口うるさく指導された記憶もない（データ構造については幾分の助言があった）。また、どれだけボトムアップに精通していようが Java でハックする限りは、すぐさま技術的限界に突き当たり、無力感に囚われるだけなのだ。

Ruby on Rails

筆者の Ruby 歴は Lisp と同じなのだが、Rails 経験に乏しく、Lisp サーバーとの比較検討のために半月ほどハックした程度。なので、以下の文言に対して異論・反論があれば遠慮なくお寄せいただきたい。

JSP よりはマシ。だが、AllegroServe/hunchentoot の開発効率に比べれば 1/4 程度と思われる。

以上。

コラム――まつもとさんの場合

プログラミング言語オタクを自負する Matz。彼の考え方について、なるほど、と思わせるものをご紹介いたしましょう。

「拡張性を非常に重視する Ruby ですが、より大きな拡張性を提供することが明らかであるにもかかわらず、長年拒否している機能があります。それはマクロ、特に Lisp スタイルのマクロです。

なぜ、私が Ruby に Lisp のようなマクロを導入することを拒んでいるかというと、プログラミング言語にマクロが導入されてしまうと、マクロを活用したプログラムは結局それぞれ専用の別々のプログラミング言語を提供してしまうことにつながるからです。

特定プログラム向けに言語をカスタマイズすることで最大限の生産性を実現していらっしゃることはよく存じております。しかし、個人的な印象では、そのような方は世の中のプログラマの中にあって少数派であると思います」

『まつもとゆきひろ コードの世界』第 1 章

「言語の効率よりも、プログラマの生産効率の最適化」

『7 つの』第 2 章

「Rubyはプログラマが楽しくプログラミングできるように設計されています」

『プログラミング言語 Ruby[0]』

筆者もRubyが好きです、Lispの次に。実行速度がPerl並なら、もっと好きになるのに、Lispの次でしょうけれど。

0　David Flanagan、まつもとゆきひろ著／卜部昌平監訳、長尾高弘訳

6.3　ブラウザーアプリ適用例

『Hackers』ではオンラインストアと航空料金検索サイトの例が紹介されている。その他の代表的なブラウザーアプリも挙げてみよう。

業務フロー統合システム

大手企業ともなると「見積もり → 受注 → 原料調達 → 製造 → 配送 → 保守」等々、多くのプロセスが存在し、多くの部署と人を横断して業務に当たる。工程管理の観点からいえば、部門間の意思疎通を確かなものにして、仕事の流れを円滑にしたいとお偉いさんは考えるだろう。進捗しかり経理しかり、透明性を確保しつつ社員全員が情報を共有するには、データベースを中心に据えた一元管理システムを構築するのが近道だ。

日本において、この種のソリューションはいくつかの大手IT企業が提供している。とはいえ、システム構築に用いるフレームワークは似たり寄ったりであるらしい。開発期間と費用、開発人員や規模は不明だが求人票から察するに、少なくとも開発手法に関していえば筆者の予想は、そう大きくは外れていないと思われる。

経営者のみなさん、無駄なカネと時間を使うことはありません。IT部門にLispハッカーを5人ばかり育ててごらんなさい。平均的プログラマー300人ぶんの仕事をこなしてくれますよ。1年もあれば、あなたを満足させる成果を残してくれるでしょう。中小企業なら2人年で充分。どこまでを人の手でコーディングし、どこから先をLispにジェネレートさせるのか。それはMVCモデルのView部位のみならず、Model部位にも当てはまります。その境界線を見極められるハッカーを確保できたなら、大手IT企業などというものはお払い箱になるのです。「Lisp＋本格的DB」の使い勝手とパワーは、それはそれは素晴らしいものなのです。このような複雑な処理を要する分野でこそLispは真価を発揮するのであります。

「ソフト開発は少数精鋭でおこなうのがベスト」と唱えられて、かれこれ半世紀に及びます。Lisp使いのゲリラチームこそ、その極北でありましょう。

当然ながら、Lisp ハッカーにはギャラを弾みましょう。さもなくば、移籍してしまいますよ（『ジャンキー』項番 64 参照）。

コラム――ゲリラチーム

『ジャンキー』項番 66 から拝借した単語。表題「魂の仲間」もさることながら、添えられた写真の選択もニクい。

ゲリラチームとは、原理原則や因習に囚われることなく、臨機応変かつ迅速に行動する少数精鋭の開発部隊のこと。筆頭は AT&T と IBM の研究部門か。X Window System 初代開発チーム、ゼロックス・パロアルト研究所（Smalltalk、Alto、Ethernet、レーザープリンターなどを開発。Alan Kay のかつての研究拠点）、ロッキード・スカンクワークス（U-2 偵察機、F-117 ステルス攻撃機などを開発）なども該当する。

日本の理系は、大学教授のような公人色の強いひとばかりがノーベル賞を受賞したが、アメリカでは民間企業も同じくらいに活力があるのが興味深い。

『伽藍とバザール』（Eric S. Raymond 著）と比較するのも一興。ゲリラチームはリモートワークでも成立するのか？　今後の動向に注目したい。

伝票入力端末

レストランであなたの注文がすっぽかされた経験をおもちだろうか。筆者は少なくとも 5 回はある。従業員間の情報伝達寸断には困ったものだ。ところが、近頃の飲食店において注文内容を小型端末に入力すると、ただちに調理場へ伝わるようになった。人間の至らぬところを機械が補う。『2001 年宇宙の旅』とは対極的な、人とコンピューターの理想的関係がそこにある。

さて、接客員が持つ端末は専用機器ではなく、ごく普通のスマートフォンを採用するケースが増えていると何かの記事で読んだ。搭載ソフトの仕様まではわからないが、すでにブラウザーアプリになっているのかもしれない。

もしもあなたが、この種の端末開発について悩んでおられるなら、ブラウザーアプリを採用するようお勧めします。試験環境構築に 1 ヵ月、プロトタイプ開発に 1 ヵ月、ヒアリングと改良に 2 ヵ月。開発人員は 1 名。費用にして社員の給料 4 ヵ月ぶんもあれば充分でしょう、貴社内に Lisp ハッカーがおられるならば。「伝票入力端末→レジ→POS→データセンター」のすべてが Lisp ベースアプリで統合済みならば、少なくとも IT 部門に関しては向こう 10 年安泰であると考えます。

ゲームなど

3D はともかくとして、2D グラフィックスゲームであれば、ストレスなくプレーできる。

そのほかには、DIY 製図ツールが実装できないかと検討している。筆者はブラウザーアプリ向けゲーム制作に関する本の原稿だけは書き終えた。読者諸氏のお目にかける日が来ることを祈っている。

6.4　まとめ

パーソナルコンピューターの未来がどうなるのか、わからない。小説『後継者たち』よろしくホモ・サピエンスがネアンデルタール人に取って代わったように、携帯電話がパソコンを滅ぼすのか。あるいは、全く別の装置が登場するのか。少なくとも現状からいえるのは、インターネットへアクセスする際に最も利用されている機器がスマートフォンであるということ。となると、ブラウザーアプリが第一にターゲットとすべきはスマホであり、Web ページをデザインする際に最も重視すべきもスマホということになる。

機器を自動判別して個々に最適なものを提供するのは、さして難しいことではない。大きなコンテンツを小さな画面に押し込めると不都合が多いものの、その逆はどうにでもなるので、パソコンへの展開を後回しにしても差し支えなかろうと筆者は考える。マルチプラットフォーム対応ブラウザーアプリ開発に関して興味をおもちの方は技術資料を漁り、スマホエミュレーターで遊びつつ、試行錯誤を重ねていただきたい。

Lisp について筆者が言いたいことは一通り述べた。人類の築き上げた技術に魔法やフォースのような神秘の力は存在せず、合理的な機構の基に立脚しているのだということを一つひとつ丁寧に追ったつもりだ。『ハッカーと画家』ともども本書をひもといた結果として Lisp の価値を認め、我等が同胞となる方が一人でも増えたなら幸いである。

第7章

Unix

「やあ、ハッカー諸君。今日の Windows、ゴキゲンかい？」

こんなセリフを口にしたところで、まともなハッカーは無視しそう。筆者は Win95/98 でハックした経験がないのでよくわからないけれど、当時のぷろぐらまぁにそんなことを尋ねたら、パソコン本体を投げつけられたかも。

Windows 95 は、とあるカウンターのオーバーフロー（2^{32} マイクロ秒≒49.7 日で到達）が原因で 100%ハングするという、おしゃれな機能を搭載していた。故障までの所要時間と発生確率がランダムな S◯NY Timer とは比較にならない優れモノだった。しかも、仕様変更までに 4 年を要したというのだから、「さすが Micr◯soft！」と Eric S. Raymond 氏も膝を打ったに違いない。

中級以上の Lisp ハッカーが Windows でハックするのか？　ちょっと考えにくい。プライベートなハッキング環境はもちろんのこと、業務においても、Lisp ハッカーを雇うような会社が Windows を採用するとは思えない。大手 IT 企業は Lisp なんて見向きもしないだろうし。

Lot#10　おしゃれステッカー

7.0　Unix哲学

Unix と Lisp は似ている気がする。技術的側面はもちろん、思想体系も techy、nerds の遊び心をくすぐるからだ。

類似点

まずは同種の香りを感じる部分を列挙しよう。

表 7.0.0　Unix と Lisp の類似点

No.	Unix	Lisp
0	Small is beautiful	ボトムアップ・プログラミング
1	パイプ処理	高階関数
2	環境をカスタマイズ	言語自身をプログラミング
3	ASCII フラット主義	オブジェクトを ASCII ファイルで保存可能
4	早急な試作	ラピッド・プロトタイピング

Lisp においては意図せず可能になってしまった部分もあるだろうし、Unix 陣営においては上記すべてを意図的に取り入れたはず。Unix グルたちが Lisp からアイディアを拝借したという記述は、書籍のどこにも見当たらない。ハッカー国の二大文化の架け橋について情報をおもちの方は論文を書いてくだされ。

(0) Small is beautiful

ボトムアップ・プログラミングと対比させたのは『On Lisp』に記載される次の一文を意図してのこと。

> どこかを舗装するとき、タイルが爪ほどのサイズだったら無駄は出ない。
>
> 『OL』項番 21.3 / arranged by hep

ボトムアップの醍醐味は、小さく機能分割した関数やマクロの再利用率を向上させて、総体としてのソース量をいかに凝縮するのかということ。世の Lisp 本に記載されるコード片を見る限り、Lisp ハッカーも「Small is beautiful」を信奉しているのは間違いない。善良なハッカーの考えることは一緒ってことだ。

(1) パイプ処理

項番 2.4 を参照。

(2) 環境をカスタマイズ

操作者が日々おこなう事柄を能率的にこなしたい、という思いは同じだろう。

(3) ASCII フラット主義

バイナリーエディターではなく、テキストエディターを使って現状値を確認・変更できればラクだよね、という両者共通の着眼力は称賛に値するのでは？

(4) 早急な試作

アイデアが大事なのは、それがもっと多くのアイデアに結びつくからだ。ひとつのアイデアを実装していく過程で、もっとたくさんのアイデアがひらめくんだ。だから、アイデアをしまっておくことは、ただ単に実装が遅れるだけでなく、それを実装することで得られたであろう全てのアイデアを失うことになる。

『Hackers』第 5 章 / arranged by hep

ラピッドプロトタイピングは、単に良いプログラムを早く書く方法であるだけではない。それなしにはとても始められないような大きく複雑なプログラムを組む方法でもある。よほどの野心家でも大事業となれば二の足を踏む。それほどではないだろうと思えれば（それが上辺だけであったとしても）手を出しやすくなる。多くの大事業は小さなところから始まった。ラピッドプロトタイピングがそれを可能にしてくれる。

『ACL』注記

クライアントは、実物を見るまで、そして「これは違う」と思うまで、自分が何を欲しいのかわからない。そのために、クライアントの好き嫌いを引き出すきっかけとなるアイデア、すなわち「要求のエサ」を撒くのだ。デモ可能なプロトタイプを短期間・低コストで作るべし。人々は、白紙から答えを作ることを嫌がるが、すでにあるものは平気で批判する。早いうちに間違え、何度も間違えることこそ、いち早く正解にたどり着ける方法なのである。

『ジャンキー』項番 26 / arranged by hep

一度書き始めたら、その流れを維持することも大切です。文法などの技術的な問題に気を取られて中断してはなりません。訂正が必要な箇所も気にしないで、まずは全部書いてしまいましょう。

『リファクタリング・ウェットウェア』項番 3.4

完璧は良さの敵。

ドイツのことわざ

本物のアーティストは作品を世に出す。

Steve Jobs

項番 1.4 で軽く触れたけれど、改めて言及したい。
思いついたら、即、打鍵。コーディングはいくらでもやり直しが利くのだから、とにかくやってみる。手を動かしていると、さらに優れたアイディアが湧くこともしょっちゅうある。Just do it.
「鉄は熱いうちに打て」という経験則がことわざとして現代まで伝承されているのは、時代時代の人々が「だよね！」と共感したからこそ。我々も先人の知恵を実践し、後進に範を垂らそうではないか。

鍛冶屋的アプローチを実践する職業がある。作家だ。正確な言い回しは気にせず、ストーリーの流れを断ち切らぬよう、とにかく書く。物語の登場人物たちが頭の中で動きだすまでは一苦労だけど、ひとたび生命が宿れば、ひとりでに跳んだり走ったり、泣いたり怒ったりしてくれる。動機や時間経過、細かい構成なんて気にしない。誤字・脱字は当たり前。とにかく頭に浮かんだ情景を速攻、書き写す。切りの良いところまで出せたら、ときどき振り返って軽く調整する。初稿はミケランジェロ最後のピエタ像・ロンダニーニのような輪郭のぼやけたものになっているかもしれない。それでいい。初稿の狙いはイメージを固定化することにあるのだから。

Lot#11　ロンダニーニのピエタ

この段階でダメならやり直し……大理石や木を扱う彫刻家ならそうかも。でも、ハッカーや作家が文字を打ち込む先は不揮発性メモリーだ。原稿用紙を好む作家もいるだろうけど、修正作業は大理石に比べれば容易にできる。対コンピューターのタイピングなら、修正作業はアホみたいに簡単だ。足したり引いたり、単語をひっかえとっかえ。ブロック単位で前後を入れ替えたりと、ありとあらゆるテクニックを総動員して完成形に近づける。実際のところ、彫刻家もイメージを練り上げる段階で用いるのは、柔軟な媒体であるところの粘土では。

場合によっては奇跡も起きる。初稿の段階ではイマイチだったものに対して何度も斧《ふ》鉞《えつ》と彫琢《ちょうたく》を施すことにより、自分の作品がどんどん好きになっていくのだ。筆者自身の実体験として、そのような幸運に巡り会えたことが幾度かある。素晴らしい体験だった。

➡ 項番 1.4「コレクション」(P.21)

相違点

Unix と Lisp について、当然ながら正反対の要素もある。

表 7.0.1　Unix と Lisp の相違点

No.	Unix	Lisp
0	やたら省略するコマンド名	やたら長い関数名
1	効率より移植性	処理系の乱立

(0) やたら省略するコマンド名

これに関して筆者はどちらでもいい。むしろ「名前重要」を布教する Matz の意見が気になる。

ken は本件に関して後悔があったようで、下記のようなやりとりが伝わっている。

> Q. UNIX の直したいところは？
> A. “creat（カーネルコール名）” の末尾に e を足したい

なお、Lisp 組み込みの最長関数名は「update-instance-for-different-class」など、35 文字のもの。

(1) 効率より移植性

C 言語は、Unix を多くのマシンへ効率的に移植するために NB から進化した。

Bourne シェルスクリプトは Linux、BSD 系ならどこでも走る。この素晴らしき環境はもちろん、Unix グルたちの意志の勝利だ。なお、Solaris、OS X に関してはコメントを差し控える。

処理系の乱立は「思想」ではなく、Lisp グルたちの都合によって引き起こされた単なる結果である。が、Lisp を愛する人間の一人として状況打破を願っているため、あえてここでも言及した。

My Favorite Philosophy

Unix 哲学の中で筆者が特に気に入っているものを紹介しよう。

【10-90 の法則】

要約すると「10 の労力で 90 点を取る」となる。「費用対効果を最大に」と言い換えても構わない。

90 点の解決策とは「難しい箇所をあえて無視する」を意味する。「特に難しい 10% の箇所」を無視していいのであれば、世界中のほとんどの問題は簡単に解決できる。この「簡単に」にこそ 10-90 のエッセンスが集約されている。Unix 教徒たちは「実装が面倒・複雑になるくらいなら、そんな機能は喜んで諦める」というアプローチを貫いてきた。Unix 教の最重要マントラ「Small is beautiful」を実践する際の指針のひとつと言うべきかもしれない。

本件に関しても ken のインタビュー録が存在する。

> Q. UNIX 開発の過程で切り捨ててしまい後悔した機能は？
> A. ありません

筆者も社会人になりたてのころ上司に言われたものだ、「完璧な答えなんて時間の無駄だ。90 点でいいからサクサク仕事をこなさんかい。あとはこっちで、なんとかする」。

問題は 90 点というハードル。厄介なことに、それは相対値である。グルの 90 点と髪のとんがった上司の 90 点では月とスッポン。何度トライしても塩対応する上司と、「え、この程度でハンコ押すん!?」という上司。読者諸氏はどちらの人物の下に配されたいだろう。筆者なら迷うことなく頑固職人を選ぶ。どう頑張っても彼等を頷かせることができないなら、相談すればよいではないか。グルは、努力家とサボリ屋を見分けられないようなマヌケではない。間違いなく、我々の打つ一手一手を見極めている。いよいよという段になれば、いかに彼等といえど、力を貸してくれるだろう。そのときこそ、盗めるものをすべて盗むべし。

この法則をアタマに根づかせる訓練としてパズルゲームがうってつけかと思われる。9 割勝てる定石を導き出せたら、あなたの勝ち。残り 1 割で負けてもなんのその。対人麻雀やパチンコと違い、確率や観察眼、あるいは他者の思惑といった不確定要素に左右されることなく、純粋にロジックやセオリーだけでどこまで通用するのかを確かめることができるのだ。筆者は『上海』が大好きだ。牌の配置には特異点が存在するために 100% 完全勝利とはいかないけれど、ある種の解法パターンを当てはめるだけで 90% 以上を捌ける。何事にもコツというものが存在し、それに気がつけばかなりの確率で、どうにかなる。「完璧は否定しない。されど、9 割で御の字」。ぜひこれを読者諸氏の座右の銘にしていただければと思う。

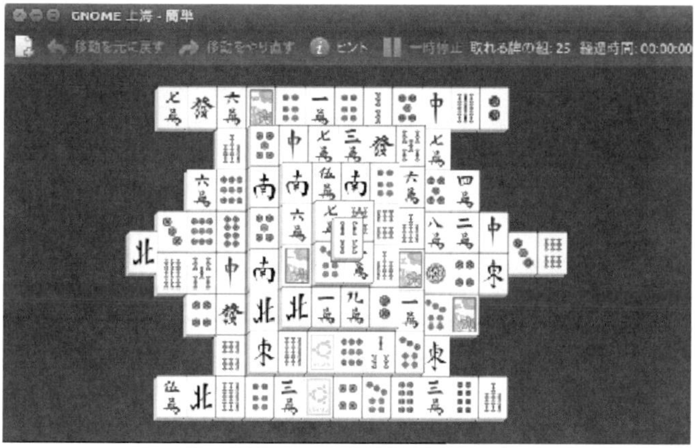

Lot#12　GNOME 上海

学校にもいる。毎日遊んでばかりいるくせにテスト前日、要点を押さえた1時間の勉強をして90点以上取る子が。ハッカー国はそういう人物を歓迎します。反対に、そういう人は政治屋・官僚にだけはならないでください。要領良く立ち振る舞い、自己の過失を絶対に認めず、嘘・屁理屈・論点のすり替え・はぐらかし・責任転嫁・言い逃れ・開き直りの弁舌しか能がない不届き者が多すぎるので。

ただし、この法則にも例外がある。

(0) 生命を扱う仕事
(1) 財産を扱う仕事
(2) 事故の影響が極めて大きい仕事（原子力関係、航空関係、等）

上記案件においては、100点満点の解を提供してもらわなければ人類が安心して暮らせない。これらの業務に携わる人は茨の道を歩まなねばならぬことを覚悟しよう。

おまけ

UNIX発祥の地AT&Tベル研の所在地にちなみ、その設計哲学はニュージャージー学派とも呼ばれている。

その対抗馬としてしばしば比較されるのが、MULTICS発祥の地MIT由来のマサチューセッツ学派である。

UNIXはMULTICSを反面教師として開発された経緯があり、比較されるのはもっともだけど、とかく対照的でおもしろい。

表 7.0.2　ニュージャージーとマサチューセッツ

No.	項目	NJ	MA
0	根幹思想	10-90 の法則	100 点満点
1	優先事項	簡潔	正しさ
2	運用指針	リリースして改善	マリア様万歳
3	OS	UNIX	MULTICS
4	前項に対する世評	cool 厳選 詰め込み・凝縮	suck デザイン過剰 実装過剰

Lisp に関する論文『Recursive Functions of Symbolic Expressions and Their Computation by Machine, Part I』を発表した 1960 年 4 月当時、Uncle John は MIT で教鞭をとっていた。John おじさんはどちらの派閥だったのか。MULTICS の存在をご存知だったのか、触る機会があったのか、どのような感想を残されたのか、ぜひ知りたい。情報を求む。

コラム――UNIX と Unix

“UNIX” という大文字表記は AT&T 社に始まり、現在は The Open Group が保有する登録商標。本書において “Unix” の表記を多用する理由は、Linux や Free BSD 等の UNIX-like な OS 全般について言及したいがため。

7.1　ユーモア

> 学校なんかに勉強を邪魔されてたまるか。
>
> 読人不知

アメリカという国はおかしなところだ。ことごとく自前ルールを貫かなければ気が済まない一方、ユーモアで笑い飛ばす一面もある。有名どころではイグ・ノーベル賞、ラズベリー賞。知る人ぞ知る存在としてメディア機関『The Onion』がある。そして Unix 文化にもかの有名な「/* You are not expected to understand this. */」をはじめとする文言や『The Hacker's Dictionary（現 The Jargon File）』が存在し、dmr も楽しんでいたフシがある。

なぜハッカーはユーモアを愛するのだろう。筆者自身について述べるなら、精度が要求される仕事に日々向き合っていると息抜きが欲しくなるから。それを言うなら、ほかの理系の仕事やカネ勘定に携わる人々、あるいは職人たちもジョークを連発しそうなのだが、そのテの話はほとんど聞かない。となると、さらなる自己分析が必要になる。

Lot#13　Dennis Ritchie @ The Hacker's Dictionary

ハッカーが愛するのは知的ユーモアであって、程度の低い一発ギャクや、ものごとの上っ面をなぞるだけの薄っぺらなネタとは異なる。巷《ちまた》のゲーノージンが優れた言語感覚を有しているであろうことは想像できるが、理知的な人間とは思えない。我々techyのような知的ひねくれ度の高い人間にクスリと吹かせるためには、どうしても変化球に頼らざるをえない。

コンピューターというホモ・サピエンスとは対極の存在を自在に操るためには以下のような能力が必要である。

◆完成形を強くイメージする創造力
◆ものごとを筋道立てて捉える思考力
◆一字一句誤ることなくコードを記述する集中力
◆trial and errorやデバッグを根気強くこなす持続力

また、大規模プロジェクトを成功させるためには自分の考えを上司に説明しつつ、同僚との共同作業を円滑に進めるためのコミュニケーションも不可欠。ハッカーは、人間の備える総合的な能力を使いきらなければ認めてもらえない世界に属しているのだ。データ構造のお粗末なコードを保守せにゃならぬ。頭のネジが数本飛んだ上司の戯言《たわごと》に付き合わされる。汚い日本語の業務メール、全く要領を得ない仕様書。作業時間を奪う会議、いまいましい電話番、脳ミソをひっかきまわす雑音……そりゃあハッカーは、やさぐれるってば。非合理的なものを排除し、醜悪な社会諸般に嫌気がさしていると、有機的な温もりが恋しくもなる。かくして、複雑な精神世界の住人が、単純ならざる一筋縄ではいかないユーモアを好むようになっていったのであろう。

比較広告を認める国であるところのアメリカと、Unix流ユーモアの邂逅《かいこう》は、えげつない破壊力を有する笑いへと発展した。『Life』第5章に登場するバッジ類もおもしろいのだが、最たるものといえばやはり『邪悪なCコードコンテスト』だろう。ぷろぐらまぁが書き散らした単純に汚いソースとは次元の違う、練りに練られ精緻《せいち》にデザインされたヤバいコードが目白押しなのである。

さて、我等がLisp教のユーモアはどうなのか。資料が少ないので断片的にしかわからないけれど、確実に存在しているとみて間違いない。『ハッカーと画家』が筆頭。日本人Lispグル竹内“NUE”郁雄師のお言葉もおもしろい。ちなみに筆者は、師の授業を受けることができた幸運な人間である。この御仁の講義はユーモアと知的刺激に満ちたおもしろいものだったと記憶している、成績は振るわなかったが。

Lisp振興会広報担当としてユーモアにこだわりたい理由。Lisp教に人を惹きつけるため。本書においても、Lispの奥深さや可能性を示したつもりだが、それだけでコミュニティー人口が増えるとは思っていない。なにかもうひとつ隠し味がほしい。そこで筆者が注目したいのがユーモアである。読者諸氏の職場を思い出してほしい。しかめっ面した上司が君臨する部署よりも、笑いや活気に溢れる部署のほうが、より多くの成果を挙げているんじゃないか。メンバーも長く在籍してくれるだろうし、「明日はもっと良いものを」の精神が旺盛になるだろう。閉塞感漂う恐怖政治は長続きしない。前向きな感情をひとつでも多く醸成しつつ、日々楽しみながらハックしたいと筆者も願っている。

ハッカー国の建国記念日は4月1日以外にありえない。宗教・宗派不問で。
シャレの通じない野暮な人間にだけはなりますまい。

コラム――邪悪なCコードコンテスト

IOCCC (International Obfuscated[0] C Code Contest) が主催するゲテ物競争。1986, 87年の覇者は、かのWall氏。

生き馬の目を抜くIT業界を渡るには、このようなもので息抜きしなければ身がもちません。さあ、下記サイトへ。

http://www.ioccc.org

0 "obfuscate"はロングマン英英辞典に未掲載。「難読化」と訳されることもある。

7.2 不 満

完璧なものなどこの世に存在しない。筆者の大好きなLispにすら欠点があるのだから、「無くて七癖」という先人の言葉を素直に受け入れるしかない。では、Unixの欠点は？ 欠点は……Unix 自体に対しては思い浮かばないなあ。せいぜい、初心者向けでないことくらい。でも、最近の Linux ディストリビューションに対しては、かなりある。以下、筆者の愚痴である。読み飛ばしてくれて構わない。

◆Emacs

不等幅フォントで表示されるため、見にくい。

ラップトップで使用する際の意図せぬコピーにも不満が残る。金星丘がパッドに触れるとコピーが発動してしまうのだ。X 開発当時はマウスしかなく、現在の状況を予測できなかったのだから仕方ない？

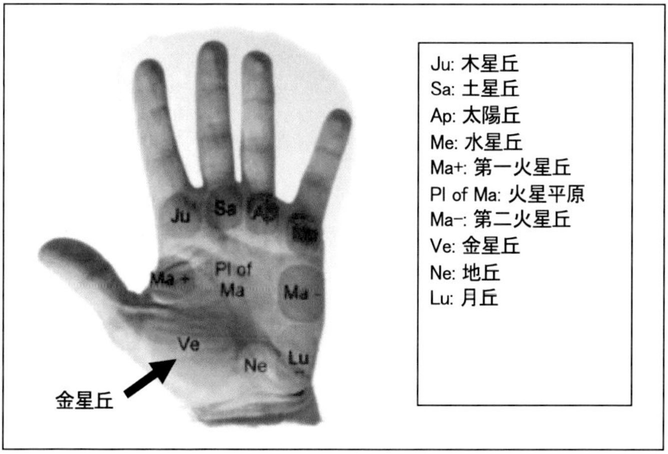

Lot#14　掌の丘

◆ウィンドウマネージャー

Emacs ウィンドウを縮小して並べる小賢しい機能、画面の端に達すると自動的にウィンドウを広げる機能は本当に腹立たしい。「余計なことすな！」と怒鳴りたくなる。

筆者の好みは Windows XP のウィンドウマネージャー。カーソルをサイドバーで移動させてゆくと、編集したいファイルをラクにアクティブ化できる（図 7.2.0）。

というわけで、筆者お気に入りのハッキング環

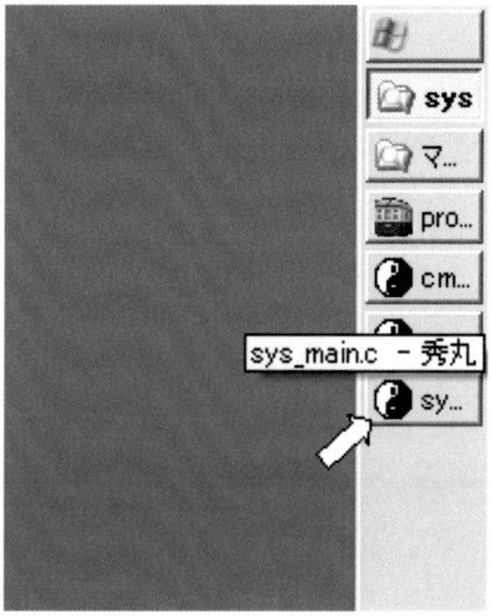

図 7.2.0　サイドバーと楽チンなアクティブ化

境は「Win XP + 秀丸 + Teraterm + Linux サーバー」である。これを超えるものを誰か作っ t……いいや、自分でやるしかないのかも。

◆X が重い

大昔、大学の計算機室に設置されていた「System V + SPARC（200MHz 前後）」はきびきび動いていたのに、「Fedora Core7 + Core2Duo 1.5GHz」においては X がスムーズでなかった記憶がある。

最近では、Raspi3（Raspbian + Cortex 1.2GHz）で自作ゲームがやたら重くてカクカクする。「Ubuntu + Core2Duo 1.6GHz」では問題ないのに。「しのびよる多機能主義」の典型例なのだろうか。

なお、Raspi3 の GUI アプリケーションは GTK3.0 を用いると処理速度が大幅に改善されることを報告しておく。

7.3　中締め

筆者がソフトウェアを組み、勉強してきた中で、特に優れていると感じた 2 つのものについて述べさせていただいた。なぜ筆者が Lisp と Unix を称賛するのかという質問に答えるなら、「ハッカーの時間を凝縮してくれるから」の一言に尽きる。やりたいこと、試したいことを素早く簡潔にこなし、我々に自由時間を残してくれる。8 時間完全燃焼したあとは、コンサートへ行くなり美食に浸るなりして人生を謳《おう》歌《か》する。それを可能にするのが Lisp であり Unix なのだ。ハッカーが全力投球すれば、集中力に応じた成果を投げ返してくれる。逆に、携帯電話で遊びながら仕事をする者に対しては、それ相応のボールでしか応えてくれない。この両者は「打てば響く」の体現者であるというのが筆者の率直な感想だ。

コンピューターは使うものであって、使われるものでは、断じて、ない。人間の至らない部分を補い、苦役から解放してくれる。それこそが Lisp と Unix であり、人類の友なのである。

第8章

バ　　グ

誤るのが人間である。

古代ローマの格言

失敗から「その手法は間違っている」という貴重なデータが得られる。

読人不知

失敗は選択肢のひとつ。

Google 社是

Lot#15　人間こんなもの

Lisp、Unix と特定技術論に一区切りつけたところで、ここからはハッキング全般論に移ろう。

ハッキングと切っても切り離せないもののライトサイド筆頭にデータ構造を挙げたけれど、もう一方のもの、すなわちダークサイド筆頭のバグにも触れないわけにはいかない。

人は神のごとき全知全能な存在ではない。アインシュタインですら過ちを犯したのだから。

◆神はサイコロを振らない

→ボーアが率いた量子力学推進派、そして、ハイゼンベルクとフォロワーたちが不確定性原理を確立。「すべての証拠が、（神は）可能な場合は必ずサイコロを振る常習的賭博師であることを示している（©スティーブン・ホーキンス）」

◆定常宇宙論

→ウィルソン山天文台のスタッフたちが「膨張する宇宙」を証明

間違いは恥ではない。むしろ、一歩踏み出すのをためらうことこそ恥ずべきだ。ken & dmr や wnj、rms だって、Knuth 先生だって数多《あまた》のバグを生み、根気強く駆除してきた。ハッカーならば何人たりとも無縁ではいられないのである。

8.0　複雑さとバグ

> システム設計には 2 種類の方法がある。ひとつは、シンプルにして欠陥のないことを明らかにする方法。もうひとつは、複雑にして明らかな欠陥を隠す方法。
>
> C. A. R. Hoare『チューリング賞受賞スピーチ』
>
> 多少なりとも巧妙なことをすると、自分の設定した条件を理解しない人が現れると仮定すべき。
>
> Brad Fitzpatric 『Coders』第 2 章 / arranged by hep

コンピューターの性能が向上し、今まで思いもしなかった使い方が次々と発明されている以上、ユーザーの要求するものが多様かつ複雑化してゆくのは必然である。この先、人間は今まで以上に駄々をこね、そのワガママはとどまるところを知らぬであろう。ハッカー国の義務は、その需要を分析・整理して本質を掴み、効率良く実装することだ。

理系の仕事のエッセンスを突き詰めてゆけば、「0. 観察」「1. 分析」「2. 抽象化」「3. 実践」「4. 効率」に集約できると筆者は思う。数学や物理学であれば、数式を導き出す「抽象化」がゴールかもしれない。化学なら、原子や分子を抽出したり、新たな化学物質を安定的に生成する「実践」ができてナンボだし、工業ならば、費用を上回る利潤を得る「効率」に到達しなければ成功とはいえない。

ハッカー国の目指す先はもちろん効率だ。我々が追求すべき効率とは「0. 効率良く処理するコードの作成」「1. 小サイズのソース作成」「2. 効率良い労働」だろう。短いソースほど書く時間も短く済むので、サイズと労働には強い相関関係がある。また、サイズと処理速度の関係については項番 5.1 で示したとおりである。

いわゆる「軽いソフト」を組むためには適切なデータ構造を築いた上で、数学的特性や細かいテクニックを組み合わせて実現させるのが一般的である。書籍を買うなり、ネットで調べるなり自習してほしい。

本章の主題であるバグの観点からハッカー的効率を考察すると、「テストを迅速にこなす」「バグの原因究明とフィックス」をいかに進めるのかが争点となる。筆者の経験から察するにバグの棲《す》み処《か》は、複雑長大な箇所、トリッキーな箇所、凝った箇所と相場が決まっている。

小学校の算数の宿題を解くなら、わざわざプログラミングなんてしなくても、電卓をちょいと叩けば済む。片や、高次方程式の解をニュートン法で求めるプログラムを組もうとすれば、数学の知識と共に根気強くデバッグすることが求められる。

C のテキスト処理がバグの巣窟である原因は、str 系関数の仕様のややこしさと、ぷろぐらまぁの不勉強に帰着する。

項番 2.2、2.3 から導き出される結論として、コードに虫をたからせない秘訣をとりあえず「0. 書かない」「1. 分割統治」「2. 簡潔」としておこう。

軽く、バグの少ないコードを、短期間で組む

ハッカーたちが技術の引き出しをひとつでも増やそうと日々努力している目的は上記タイトルに尽きる。

ドクター・ヘイポー、再び参上。首題三要素に影響を及ぼす要素を列挙し、貢献度を採点してもらった。先刻挙げた「コードに虫をたからせない秘訣」との関連性を考慮しつつ読み進めてほしい。

表 8.0.0 「軽く、バグの少ないコードを、短期間で組む」に影響を及ぼす要素

					関連する「虫除けの秘訣」		
No.	要素	処理速度	害虫駆除	作業効率	書かない	分割統治	簡潔
0	言語の選択	±x	+1	+4	○		○
1	データ構造	+10	+5	+10		○	○
2	ツール・設備		+2	+2	○		
3	モニター			+2			
4	職場環境			+3			
5	疲労		-3	-5			

(0) 言語の選択

テキスト処理に C を選択したら正気の沙汰とは思えないし、OS を Basic で組もうなんて奴も大馬鹿だ。Ruby では処理速度が遅かったりするかもしれないし、Deep

Learning なら Python での実装が容易になったりもする。この世に万能なプログラミング言語は存在しないからこそ、上級ハッカーたちは課題に適した言語を使い分けるのだ。残念ながら Lisp とて例外ではない。複数言語の併用を視野に入れつつ、処理速度と作業効率の妥協点を探るべきだろう。

本項の判断はプロジェクトリーダーに委ねられている。髪のとんがった上司でないことを祈るしかない。

➡ 項番 1.1::「シェル呼びだし」(P.16)
➡ 項番 11::「適材適所」(P.149)

(1) データ構造

すべてのハッキング道はデータ構造に通ずる。職場に在籍する上級ハッカーにレビューしてもらうのが近道かも。データ構造さえ決まればアルゴリズムは勝手に付いてくる。

(2) ツール・設備

ユーティリティーやデータベースが DRY 原則を推進し、昆虫採集を助けてくれる。開発規模と予算に応じ、コードジェネレーターの導入も検討しよう。

手に馴染んだエディター、Ctrl キーと Alt キーの位置はタイプ速度に直結する。壊れたキーボードはストレスを溜めるだけなので早急に修理しよう。

ことわざ「道具を見れば腕がわかる」のとおり、ユーティリティー、シェルスクリプト、エディターを見ればハッカーの腕がわかる。ギタリストはギターにこそカネをかけるけど、ピックは気前良く客に投げ与える。IDE なんてピックみたいなもんさ……と一昔前まで筆者はバカにしていたけれど、最近の IDE はデバッグ機能が優れているので侮れない。Lisp が普及しない原因のひとつとして「優れたデバッグ環境がない」を挙げる人もいるくらいなので、ツールの重要性は今後ますます高まってゆくと予想される。上級ハッカーに言わせれば「デバッグライトほど普遍的かつ勝手のいいデバッグツールは存在しない」となるかもしれないが。

作家はペンに固執する？　万年筆を収集する人から、フェルトペンでいいやという人まで千差万別。むしろ、紙にこだわる人が多いのでは、清少納言のように。

(3) モニター

「ツール・設備」から分離して言及する価値はあるだろう。広範囲を一度に見るとハックしやすくなる。どこに何があるのかを探すときはスクロール回数が少ないほうが迅速だし、ウィンドウを重ねるにしてもピックする部分の重層化を避けられるので能率が上がる。下手なツールを導入するくらいなら高価なモニターを買ったほうが費用対効果は大きいはず。映画『Swordfish』の一幕のようなマルチモニター環境もお薦めだ。兼業作家としての意見。筆者の執筆ツールはPCであるが、モニターの画素数は効率に影響しない。書くときは、その行しか見ていないし、推敲の中心は印刷物なので。

Lot#16　マルチモニター環境

(4) その他

ハッカーが個室を望むのは高望みなのだろうか。アメリカのような広い国土においてはごく普通だろうけれど、日本では絶望的だ。まあ、静かなオフィスなら文句はないのだが。その点、テレワークはひとつの理想といえるかもしれない。

集中力を使い果たした状態でハックしても良いことは何一つない。夕方に書いたものを翌朝、修正したりバグハントするくらいなら、やらないほうがマシ。翌日の方針やアイディアをメモする程度にとどめることをお勧めする。

対バグ用の銀の弾は存在しない。たとえ0.1%でも状況を好転させられる手法があるのなら、貪欲に取り入れたい。人は誤るものである裏面、努力し続ける存在であるべきだ。

以下、無用のことながら。

先日、テレビで専業作家たちが口を揃えて「眺めの良いカフェでの執筆、いいですね」と発言するのを見た。カフェですか。耳障りな音楽、人のざわめき、動く空気など、気を散らすものばかりじゃございませんか。彼等にとっての労働環境としてふさわしいのだろうが、筆者には不向きである。せいぜい、校正時に利用するのが関の山。こちとら筋金入りのハッカーなのだ。部屋には机と本棚、目の前は壁。これですわ。筆者は、自室で耳栓をしながらでなければ文章が書けない。夕方目覚め、深夜、ゴリゴリ書くのでもない。結局のところ筆者はリズム良く生活し、集中しなければ何一つ達成できない人間なのである。

ここにおいてまたひとつ、ハッカーと作家の差異が明らかになった。周囲の影響をモロに受けるのがハッカー、気にせず仕事をできるのが作家。

というわけで、今日も筆者は部屋の片隅で、机に固定されたラップトップを睨みつつ、せっせとキーを叩くのだった。

コラム——モニター VS 紙

不思議なことですが、誤字脱字はプリントアウトしたほうが発見確率は格段に高くなる。会社員時代に気づいていました。試験リポートや資料を作成していると、モニター上では気づかなかった誤りが紙になって初めて検出できることに。

本書の校正においては、4 ページ印刷から多大なる恩恵を得ました。広範囲をまとめて参照すると情報の往来が活性化して、テーマの収束を推進できたり、ネタ同士を結びつける触媒が思い浮かんだりするのです。また、紙での校正とパソコン画面での校正を交互におこなうのも気分転換になり、良い方向へ作用したように感じました。残念ながら筆者は、Unix 教のマントラ「木を守る」の真逆を突き進んでいるのであります。

社会人のみなさん、ワープロソフトの校正機能も有効活用しましょう。基本的な誤りなら 8 割以上発見できるし、言葉の誤用も半分程度は防げます。

コラム——紙媒体と校正

誤記は印刷物のほうが見つけやすい。そう感じるのは筆者だけではないようです。『人月の神話』ピアソン・エデュケーション版のあとがきに次の記述があります。

「本はコンピュータ画面や校正紙よりずっと次元が高い。だから、出来上がってみると、執筆時や編集・校正時に見えなかったものが見えるのが普通です」

これが出版界の常識なようです。

本書についても、おかしいと思える箇所をどしどし、ご指摘ください。

8.1　デバッグ手法

アジャイル本に「分析〜テスト」を 1 週間サイクルで実施するという記述があるけれど、筆者には手ぬるく映る。また、Smalltalk 教のマントラに「少しコーディングして、少しテスト」があるものの、具体性に欠ける。ここは断じて「関数をひとつコーディングしたらテスト」でなければ。hep 式微細イテレーションなら、より具体的なので誰もが今すぐ実践できる。なお Graham 師は、関数よりも微細な処理ブロックごとのテストまで推奨している（『OL』項番 3.4）。

読者諸氏は、複数のバグが絡み合ってしまい原因究明に難儀した経験をおもちだろうか。あるいは、不可解なバグが発生したバージョンをご破算にして、再度、一歩一歩確認しながらコードを組み直したことはないだろうか。バグが複数存在すると相互に影響し合って新たなバグを生むのは多くのハッカーが知るところ。「鉄は熱いうちに打て」を鵜呑みにして、一気に十歩進んでからテストするとツケが百倍になって返る背反性が、我々の仕事には潜んでいる。

朝の電車内で「今日はどこそこまで仕上げよう」と計画を立てるのは当然ながら、終業30分前「目標未達だからコーディングだけ今日中に済ませて、デバッグは明日に回そう」と余力を振り絞るのは避けたほうがいい。「集中力のガス欠寸前」「一足飛びコーディング」のワン・ツー・パンチがあなたを襲う（経験者は語る）。

「コーディング〜テスト」を細かく何度も繰り返すことの意義について考えてみよう。この手法においては最下層ルーチンはもちろん、中間層部位や基幹部位に至るまで、一区切り書いたら、すぐテストに移る。もしも、予期せぬ動作を検出したのなら、悪い部位は当然ながら数分前に書いたところだろう。バグの生息域は一目瞭然だし、明瞭な記憶を保持しながらのステップ実行が可能なため、デバッグが平易なものとなる。作業効率、コードの信頼性向上は確実。質の良いプログラムをサクサク組めると日々の充実感も違う。ひとつ落とし穴があるとすれば、良い気分で晩酌を重ねた翌朝の二日酔いくらいのもの。

以上のような講釈も短くシンプルなコードがあってこそ。冗長複雑なものを相手にしたのでは、捗るものも捗らない。どのような虫取り道具を揃えたとしても、データ構造と抽象化という磐石なき泥沼では身動きがとれないことを申し上げる。

筆者は関数単位のイテレーション開発を会社員時代の最後の業務で実践した。VBA 開発に 1 年間の猶予が与えられたのだが驚くほど順調に進み、4 ヵ月程度で片づけることができた。Basic ネイティブな部分も、Lisp を用いたジェネレーション部分もやることは同じ（ただし、ジェネレーターに関しては、自動生成されたコードのテストも必要なので、一手間増える）。コーディングとテストをひたすら微細反復するだけ。定時を迎えたらさっさと帰り、明日への英気を養う。特別な才能や努力を要さずとも機械的作業だけで目覚ましい成果を挙げられるのである。読者諸氏も「デバッグといえば分割統治」を合言葉に臨んでいただきたい。

『On Lisp』最大の欠点

「関数よりも微細なパーツごとのテスト」を紹介したところで、この巨峰に今一歩挑んでみたい。

Graham 師の著書『On Lisp』が偉大な達成であることは論を俟《ま》たない。とはいえ「完璧か？」と問われれば、それは違う。筆者にとって気に食わない箇所がいくつかあるが、最大のものが次の記述である。

> 「変数補足なんて滅多に起きるもんじゃない、なんで気に病まなきゃいけないんだい？」この問いには2通りの答え方がある。1つめのは別の質問を返すことだ：バグのないプログラムが書けるのに、なぜあえてバグのあるプログラムを書くのですか？
> 長い答え方は、　……中略……　マクロが適切に展開されない場合に備えた防御策を取っておいて損はない。
>
> 『OL』項番 9.9

意図せぬ変数補足はいわゆる「辺境に潜むバグ」であり、駆除が困難なものに分類される。コーダー当人がデバッグするなら、もしかしたら原因究明が容易かもしれない。一転、外注の人間にそのような調査を依頼すると悪夢が始まる。なので、師にはこう断言してほしかった「保守員泣かせのバグは絶対に許すな」と。

すべてのハッカーは以下のことを肝に銘じてほしい。

◆製品は作ったら終わり、ではない。そのあとには長い長い保守期間が控えているし、担当者の交代も頻繁に起こる

◆障害が起きたり起きなかったりという厄介なバグを、リリース後数ヵ月を経てハントするのは極めて困難。ましてや、新任保守員にバグフィックスさせるのは殺生

◆「あとで直すから、とりあえずこれでいいや」は危険。忙しさにかまけて失念することがままある。とりあえず作っておくにせよ、その時点における考えうる最良のものを。作業記録も欠かさずつけ、折に触れて読み返すべし

災害は忘れたころにやってくる。過去の失敗を忘れず、未来に活かそう。

コラム――ここがヘンだよ『LET OVER LAMBDA』

『On Lisp』と双璧をなす『LET OVER LAMBDA』。この本にも思わず首を傾げた箇所があるので紹介しよう。

◆項番 5.2

「ここでアナフォラを導入する新しいリードマクロを使うと、この`lambda`フォームを隠すことができる」

`lambda`を覆い隠す！　本のタイトルを否定するに等しい所業では？　lispの核心をなす重要語「`lambda`」は隠蔽しないほうが良いと思う。
このことは「`labels`」にもあてはまる。実は筆者その昔、`labels`を覆い隠す再帰制御構造をマクロ化してしまい、数ヵ月後に「なんじゃこりゃ?!」と自己ツッコミした

クチなのである。
マクロクラブ会則を今一度、噛み締めよう。

◆項番 5.2
「(このようなマクロを使うと) 特に複雑なリスト構造に対して、ごちゃごちゃになりかねない」

複雑なリスト構造を扱う状況を避けるべき。データ構造の見直しが先決である。
複雑なマクロを書くのは実験としては楽しい。だが、製品開発においては「複雑＝何か間違ったことをしている」という意識がほしい。ですよね、Hoare さん。

◆全体をとおして
文章とコードが 99.99%以上を占める。「ヘン」ではなく、極めて個人的な感想。図表が皆無であり、紙面が単調。内容からして、仕方ないといえば致仕方ない。とはいえ、カルロス・クライバーがタクトを振る喜歌劇『こうもり』のように緩急強弱を意識し、メリハリをつければいいのになあ、と筆者は思ってしまう。『On Lisp』も同じ。

テストの自動化

昨今、Google Test や Jenkins など、テストを自動でこなすためのツールが続々と誕生している。人間が項目書を見ながら手作業で実施するところをコンピューターが代行してくれるという、大変結構なものである。作業の効率化と実施漏れ防止のためにも、可能な限り導入したい。とはいえ、それらを使いこなす能力とデバッグ能力は別物であることを明記しておきたい。

テストの自動化ツールは、項目書に記載されたテストを消化するだけ。予期せぬ結果を報告したとしても単に報告するだけであり、プログラムのどの部分が間違っているのかという情報は一切教えてくれない。コーディングとデバッグを微細反復しようが、自動化ツールを用いてバグの有無を確認し、一気呵成に修正しようが、正しいコードを組むという行為をするのはいつも人間であり、作業者にデバッグ能力を欠いたら、結局は手間取ることになる。

テスト自動化ツールは、あくまで最終確認をするためのもの。読者諸氏が本当の意味での効率良い労働を実現したいのであれば、高品質のコードを高効率で生産する知識と技術を身につけるしかないのである。

8.2 まとめ

世の中のソフトウェアには物理シミュレーターや3D-CAD、映像処理や暗号関係といった、複雑にならざるをえないものが確かに存在する。でもそんなのは地球上に存在するソフトのうちの2%くらいだろう。ほとんどのコードはシンプルなルーチンの組み合わせとして表現できると筆者は確信している。もしも、読者諸氏の手がけるコードが複雑になっていたら一度立ち止まり、分析することを再度お勧めする。筆者の経験では100%、本当に100%、自分が過ちを犯していたことに気がついた。そして、データ構造などを見直すと、すぐさまシンプルなかたちとなり、動作も安定したのだった。

◆真の罪

「俺ならそんな凡ミスしねえぜ」髪のとんがった上司は豪語する。ええ、そうでしょうとも。彼等は筆者のような凡人と違い、アインシュタイン以上に優秀な現人神《あらひとがみ》であらせられるのだから。

善良なる読者諸氏よ、気に病むことはありません。全身全霊を傾けてハックしようが、人間のすることにはどうしても間違いが付きまとうものなのです。我々ハッカー国民が咎《とが》められるべき真の罪は、携帯電話で遊びながらハックすることなのです。

◆自覚

人間はミスする生き物だということを自覚しないことには何も始まりません。だからこそ人は努力するのです。「他人に優しく、自分に厳しく」こそ、大人としての第一歩ではないでしょうか。蛇足ながら、プロとしての第一歩は「他人に厳しく、自分には一番厳しく」。

◆職場の雰囲気

まずは「バグ＝重大犯罪」の意識を払拭することから始めましょう。A級戦犯を吊し上げたところで職場の雰囲気が澱《よど》むだけ。それよりは、良からぬ結果に至ってしまった要因を分析してデータベース化し、周知させるほうが建設的かつ理性的というもの。ハッキングとは創造的な行為です。発破現場よりも建設現場を手本とすべきでありましょう。

◆努力

芸術・デザイン分野に携わる人々は、自己改善に終わりのないことを痛感している。終わりなきチューニング、終わりなき校正、終わりなき加筆、終わりなき編曲、終わりなき楽譜開発[illegible]。そこへ他人の才能を加えると作品に奥行きが出る。

原作つきの映像作品を見ると筆者はしばしば思う「元のものより数段よくなっている」

と。冗長な部分を刈り込む。エピソードの順序を入れ替えたり、オリジナル小話を付け加えたりするのは常套《じょうとう》手段。ほんのわずかなタメをもたせるだけで、その後の展開が締まる。印象深い台詞を何度も使う。文章から得たイメージを膨らませてBGMも輻輳《ふくそう》し、より美しい映像へと昇華させる。どれもこれも、多くの才能が結びついた結果として花開いたものであり、原作者一人の努力と才能だけでは至れなかった境地がそこにある。そのことを知ればこそ、クリエイターは学び、協調することをやめない。科学技術も同じこと。ニュートンは自身の功績を称賛された際に「巨人たちの肩に立っただけ」と返したとされる。プログラミング言語も相互に影響を及ぼし合い、他分野からもアイディアを拝借しながら進化してきた。

筆者も自作のプログラムや文章を読み返すたびに不満な箇所を見出しては「未だ木鶏に至らず」と嘆いている。が、苦ではない。自己改善を促す過程も含め、創造という行為がおもしろいからこそ、筆者は飽くことなく両方続けている。書店の理工書コーナーや文芸コーナーに足を運び、おもしろそうな本はないか棚と睨めっこをする。私は自己の能力を開拓しつつ、他者のアタマの中も覗きたい。自分の適性と合致した仕事に出会えたことに感謝するほかない。

人は過ちを犯す存在である。だからこそ、過ちから何かを学び、ミスを防ぐ手法をひとつでも多く修得すべきだ。バグを憎まず、人の自滅的怠惰を憎むべし。

コラム——愛すべきバグ

Harvard Mark IIに忍び込んだ蛾らしきものは有名ですね。ゴキブリ・蚊・ハエなど、昆虫類を毛嫌いする人は男女問わず多いようです。コードに寄生するバグは筆者の天敵。ですが、寛大に処すべきミスとして挙げられるものが1つだけあります。それがスポーツの誤審です。

フットボール界における最も有名な誤審といえば、ディエゴ・マラドーナの「神の手」でしょう。5人抜きゴールという劇的シーンと相俟ったその試合は人類が存続する限り、語り継がれるに違いありません。もちろん、判定が正確であることが望ましいのは当然ですが、誤審も時として伝説になる。少しくらい大目に見たっていいじゃないですか。そもそもフットボールという競技は、時の流れと共にあるもの。ビデオ判定の類で、ちまちま堰《せ》き止めてよいものではありません。

長野五輪の銀メダリスト ミシェル・クワンは「納得いかない採点なんて、いつものこと。フィギュアスケートはそういう競技よ」と言います。ソルトレイクの銀＆トリノの銅のイリーナ・スルツカヤも「That's life」と。婦人たちよ、汝等こそアスリートの鑑である。

真にスポーツを愛するということは、人の過ちも含めて結果を受け入れることだと筆者は思うのです。

「80X86-3」「pentium FDIV 除算バグ」のようなものに遭遇したら？　そりゃあ、グリコのおまけ（お手上げ状態）ってやつですよ。

ゼロを発見したのはインド人らしい
ゼロより素晴らしい「有意義な無駄」を筆者は知らない

英国２ポンド硬貨（1997-2014）。側面に"STANDING ON THE SHOULDERS OF GIANTS"が見える

Lot#17　インド人もビックリ、ニュートンでガッポリ

第9章

読みやすいコード

上級ハッカーの組んだコードは濃ゆくて難解。
自作の凝りすぎコードはさらに読みにくい。
ぷろぐらまぁの書き散らしたコードは人を発狂に誘う。

hep

読者諸氏も上記のような経験をおもちではないでしょうか。また、後任者に苦労をかけさせたくないという思いを常に抱えてらっしゃる方が、ここまで読み進めてくださったものと筆者は想像しております。「読みやすいコードを書く」も「読みやすい文章を書く」も立派な技術。知識と経験なしには生み出せません。さあ、勉強を続けましょう。

9.0　個人的技能

ここに書ききれないほどのノウハウが存在するだろうから、どこかの学会がまとめて書籍化して教育機関にバラ撒くなり、格安で提供するのが一番。もちろん、本書を教材として採用してくださっても構いませんよ？　そのような日が来ることをハッキングの神様に祈りましょう。

探す・書かない

このことは何度主張してもいいだろう。「行数0・文字数0」のコードなら理解すべきものもゼロになり、保守員は大助かりという究極のコーディング術なのだから。

自分の欲しい機能が標準ライブラリーやユーティリティーにないか調べよう。リファレンス書を買うべし。ユーティリティーはチームに一つ印刷して配備するのもよいのでは？例の「ユーティリティーを多用すると理解しづらい」という初心者の声を和らげられるんじゃないか。筆者の自宅にも趣味用途のユーティリティーを刷ってある。ユーティリティーのすべてを記憶するのは無理がある。どこを探せばみつかるのか、さえ知っておけばいい。

書籍や辞書を頻繁に手にする者にとって紙の情報は、検索を素早く済ませてくれるので、便利なのだ。

オープンソースを導入する際はライセンスに注意しよう。

外部パッケージやサードパーティー製ソフトの導入も検討すべし。

「ユーティリティーを多用すると理解しづらい」という声はたまに聞くのだが、「標準ライブラリーを多用すると理解しづらい」はない。「集合知から必要なものを拝借する」という本質が同じであることに彼等は気づいていないのだろうか。

一貫性

> 全員が一貫性のあるスタイルを守って規則にしたがっていれば、それぞれのシンボルが何を意味しているのか、どの不変式が真なのかといったことが簡単な「パターンマッチング」により推測できるようになります。
> よく使うイディオムやパターンを作っておくと、コードはとても理解しやすくなります。そうはいっても、スタイルを逸脱するのに充分な理由がある場合もあるでしょう。しかし、それでもなお、私たちは一貫性を保つことが重要だと考え、スタイルをそのまま適用することを選んでいます。
>
> Google社C++スタイルガイド『TeamGeek』項番2.8.1

新規プログラム開発なら、職場のスタイルガイドに従う。

保守作業なら、既存のライティングスタイルに同調する。

「私は自分のスタイルでしかプログラミングできません」と発言する人間はアマチュアだ。雇用主の要望を聞き入れ、柔軟に対処してこそプロフェッショナルである。

全担当者が「ああ、例のアレね」と共通認識できるものを多くもちたい。それがイディオムだろうとパターンだろうとユーティリティーだろうと、可読性や作業効率を向上させるものなら何でも共有すべき。クロスチェックやコードレビューは精度向上のみならず、情報共有の場でもあるのだ。さらに理想をいえば、そのような知恵をハッカー国全体の共有財産として提供してほしい。

対称性を利用する

抽象化がスタイルガイドに生ませた子供。

「何と何が同格、もしくは並列関係にあるのか」が明確になると可読性は向上する。インデントやカッコの与え方が重要な理由はここにある。小さなコードを書くことは大原則ではあるけれど、なんでもかんでも短くすればいいというものでもない。「対称性を取るか、効率を取るか」で迷うことが筆者にもしばしばある。実行速度への影響がとてつもなく大きいならともかく、「演算結果を変数に保存すると、ある種のパターンが見えてくる、もしくは調子やリズムが整う」というのなら、対称性を重視することをお勧めしたい。

同一の思想・手法・手順を踏まえた上で複数箇所のコードを組むのなら、書式を揃え、必要に応じてコメントも添えよう。本項を実践するとコードにリズムが生まれ、保守員の頭脳に宿るパターンマッチング能力を活用させられる。お笑いでマンネリは禁物だけど、ハッキングにおいては「またそのパターンか」は褒め言葉。なお、パターンマッチングについては『リファクタリング・ウェットウェア』を熟読されることをお勧めする。右脳論・左脳論の是非はさておき、ひとつの読み物として楽しめる。

歌人、作家、噺家、活動弁士に限らず文章・言葉でメシを食う人間は、韻やリズムを常に意識するはず。語呂合わせや連想記憶が覚えやすい理由もそこにある。使えるものは人間の生理だろうが感覚的なものだろうが、みなの備える能力を利用しちまえばいいのだ。本書の第0章において、英単語末尾の er/or/ry/ty を一律で伸ばすことを宣言した。筆者は一貫性と対称性に対して脅迫にも似た観念を抱いている。

コラム——活動弁士

無声映画に台詞やナレーションを添える活動弁士。みなさん、明治・大正の遺物と思ってません？

ところがどっこい、2000年代に入り、四半世紀を迎えようとしている今でも現役の方が十人以上おられます（Wikipedia 参照）。筆者は山崎バニラ独演会を2008年ごろの横浜で観ました。

令和になった今、講談師の六代目 神田伯山が活躍中ですし、落語界においても、立川志らくや談春は引っ張りだこ。日本から語りもの文化が消えることはなさそうです。

段落

賢明なる読者諸氏は本書について、どうお感じになっておられるのだろう。

「何が言いたいねん、自分？」「日本語下手すぎ」なら、あなたはその箇所をどう書くのか、範をぜひともお寄せいただきたい。負け惜しみでもなんでもなくて、純粋に興味がある。筆者も現在の力量に満足していないのだから。

「1行おきの改行なんてありえへん」「空行だらけ。行数稼ぎの詐欺やろ」なら引き分け。

「紙面が真っ黒で読みにくい」「スカ」だとしたら、深刻だ。

筆者はこれでも物書きの端くれなので、ワン・センテンスの長さが妥当か、削れる語はないか、あるいは、パラグラフ同士の相関度と改行が適切なのかに配慮しながら文章を書く。話題が転換するなら行を空けるし、見出しも設ける。内容の凝縮と可読性の向上を両立させるべく校正を繰り返したが、確信なぞ、ありはしない。世の三文小説の中にも台詞だらけのものや、改行と空行の氾濫でスカスカなものが存在する。逆に、大文豪の作品が字でびっしりだったり。そのようにした理由がわからなくもない。そのリズムが書いた当人にとって心地良いのだ。

「文字だらけで真っ黒」「余白だらけ」で筆者が非難されたなら、文章作成技術について今一度、見つめ直す必要がある。本書について読者諸氏の思うところがあれば、なにとぞ、ご教授ください。

「下手なコメントより、処理ブロックを意識した改行・空行のほうが上等」を提唱したのは藤原さんだった。彼の教えを拝受してからというもの筆者がコードを組む際には、必要最小限まで絞ったコメントや、行と行との相関度を意識するようになった。藤原さんも活字好きな方なので、ハッキングと文芸の類似性について独自の理念をおもちなのだろう。読者諸氏におかれても読書、メールや報告書の記述、そして、コーディングを通じ段落のあり方について、もう一度、再考なされては？

コラム——続・凝縮

版権との関係上、全貌は明かせない。詳しくはWebで。

筆者はものをつくるひとりの人間として、サンテグジュペリの箴言《しんげん》「完璧というものは、追加するものがなくなったときに達成されるのではなく、取り去るものがなくなったとき」を座右の銘にしています。ですが、これを基に愛するものを検証すると、心苦しくなるときがあります。

たとえば、『スター・ウォーズ』。

初期 3 部作については何も申しますまい。でも、残り 6 つは……

サーガを「系譜小説」と捉えるのが一般的なので、「アナキン － ルーク＆レイア － レン」の血脈を辿ること自体はおかしくありません。しかし、I〜III を観終えたときの感想は「まあ、アリ？」、VII〜IX は「観なきゃよかった」でした。『GULF WARS』のように、茶化したくなるのも頷けます。

一方、『2001 年宇宙の旅』は上映時間 140 分。初期 3 部作との比較はともかく、全 9 話と密度を比べれば、その差は歴然。ただし、其即ち両者の甲乙、ではありません。どちらが優れているかなんて論争は野暮です。

ウィスキーの上物はストレートで飲んでこそ。本書についても、水増ししている箇所はないか、を常に自問しています。校正はまだまだ続くのであります。

データとコードの分離（D/C分離）

データはプロジェクトに付いてまわることがままある。ルーチンは使い回しつつ、プロジェクトごとに異なる設定値をひっかえとっかえ適用するのだ。液晶テレビとプラズマテレビの製作を例にとると、制御基板は共通で、パネルの種類とサイズが異なるものを扱うケースを想像してみればいい。そして、コンパイルスイッチで制御データをごっそり切り替えるのである。

ロジックについても課題固有の部分が存在しうる。そんなときもコピー&ペーストせず、可能な限りひとつのルーチン内で、課題間の差異を際立たせつつ巧妙にスイッチする手法を採択したい。どの部分が共通で、どの部分が固有なのかが明確になると保守員は大助かりだ。そのようなケースで大活躍するのがジャンプテーブルとプラグイン。容易な実装・高速処理・小サイズと、いいことずくめの優れモノなのである。

ごくごく稀に、実行バイナリーの値を直に変更することがある。そのようなとき、データがコードから分離・密集していると作業がラクになる。データとコードがごちゃ混ぜになっている中からターゲットとなるデータ片を探すのが悪夢なのは容易に想像できよう。「データのみを記載した.c データベースファイル」を設ける手法は、そのような機会でも役に立つ。項番 4.0 で示したとおり、仕様変更に備える余地は多いに越したことはない。

データの一元管理を強化すると「瓢箪《ひょうたん》から駒」効果を得ることもある。それまで雑然としていた箇所を見直すと「あのデータベースがここでも適用できる」と気づき、コードの簡素化・堅牢化を推進させられるのだ。「コードから一歩退き、データを熟考することで、つくりが整理される」という体験を読者諸氏にもしてほしい。もしかしたら D/C 分離が、データ構造をプログラマーに意識づけさせる妙薬となるかもしれない。

➡ 項番 2.3「関数と副作用」（P.34）
➡ 項番 3.1「データ構造」（P.38）
➡ 項番 4.0::「変化しないものは変化だけ」（P.61）

コラム――調整データのテキスト化

実行バイナリーの値を直に変更するのは客先でのデモなどにおいて急遽、顧客の要望に応える場合など、本当にごく稀だろう。多くの場合は、起動時に読み込ませる調整ファイルの値をテキストエディターで書き換えれば済む。

筆者が趣味で作成するゲームにも「外出しした調整ファイル」を設けてある。ちょっとした変更をしたい場合、再コンパイルする必要がないため、調整作業がとても捗る。.c データベースファイルも便利だが、Unix 哲学「ASCII フラット主義」はその上をゆくのである。

直交性

本項は「読みやすい」という趣旨から若干ズレている。だが、「理解すべきことがらを減らす」「利便性向上」等の複利が得られるため、ここへ記載することにした。

直交性には2つの要点がある。

(0) 機能の重複をなくす

任意の2つのモジュールを比べたとき、同じ機能を含まぬよう。DRY 原則そのもの。

(1) モジュール間の結合度を抑える

こちらはさらに2つの観点から分類される。

(1-o) 順序性に束縛されない

特にユーティリティーのような「原子のルーチン」においては、「関数Bを実行する前に関数Aを実行する必要がある」のような制限が存在してはならない。

「`stdlib.h::rand()`の初回コール前に`srand()`で乱数系を初期化しておく」というのはユーティリティー理想論から外れているといえなくもない。

(1-i) グローバル変数は効果の高い部位でのみ使用する

グローバル変数を全面否定するつもりはない。使いようによっては便利なことを中級ハッカー以上は経験的に知っている。でなければ Lisp にスペシャル変数は存在しなかったはず。リスクとリターンを熟知の上で天秤にかけ、見合う価値があると判断したら導入すればいい。「グローバル変数を構造体にまとめ、`extern`」の手法は名前汚染対策として常に適用したい。また、関数プログラミングも積極的に取り入れたい。

「マルチコア＋並列処理」の進化は今後も続くと予想される（あるいは、量子コンピューターが取って代わる？）。直交性と関数プログラミングの重要性はさらに増大するであろう。

➡ 項番 2.2::「Lisp ハッカー的アプローチ」(P.33)

コラム—直交性違反

互いに依存しているがために起きる厄介ごと。独立することの重要性を噛み締めてほしい。

◆ヘリの操縦

『達人プログラマー』項番 8 を参照。

◆相互乗り入れ

電車に乗っていると頻繁に耳にする「○○線で発生した信号機トラブルの影響により、この電車は 10 分の遅れが生じております」。朝の車内において、これほどおぞましいアナウンスは存在しない。

◆交差点

日本における自動車事故の約 5 割が交差点付近で発生するとのこと。立体交差や環状交差点を採用すれば件数は減るはず。直交しているにもかかわらず互いの依存度が高いがゆえに独立性は低い、という稀有な例。

ネストを浅く保つ

C における`return`、`break`、`continue`を駆使し、分岐で生じるネストをできるだけ回避したい。コードをフィルターとして機能させ、処理対象を徐々に絞り込んでゆくイメージを筆者は常にもつようにしている。

配列も活用して分岐処理を削減しよう（図 2.1.1 参照）。

Linus Torvalds 氏の主張「3 段より深いネストの出現はスパゲティの兆候」を筆者は支持する。

巧妙すぎるコードを避ける

綱渡りをするかのようなトリッキーなコードは techy から称賛されるか、保守員に誤解されるかの両極端に分かれる。五分五分なんて分の悪い博打を張るのは下策。せめて八割勝てる手を打ちたい。「俺って天才」的なコードは、二ヵ月も経てば書いた当人すら理解不能となるので避けるべき。

もうひとつ、世間一般でも通用するであろう大原則を。

誤解の責任は 100%発信者にある。

何ぬかしやがる、と髪のとんがった上司は言う。俺の真意を汲み取れないおまえの頭が悪いだけだろ？　確かに、筆者の頭が悪いことは否定できない。

善良なハッカーなら全員、自覚している。「コンピューターがヘンな動きをする＝間違った命令どおりに動いている」のだと。「コンパイラーが誤解するのが悪いんです」なんて戯言《ざれごと》を吐いたら、明日からのおまんまは食い上げだ。

多くの物書きも自覚している。「自分の言いたいことが伝わらない＝文章技術が足りない」のだと。第0章にも記したとおり、作家も技術職としての一面を有しているのである。

➡ 項番 3.6「やりすぎ注意」（P.53）

先読み効果

英語が日本語より優れているところとして冠詞や三人称変化が挙げられよう。「a」「the」もしくは無冠詞によって名詞の様態がイメージできる。また、三単現の「s」に留意すると、動作主が誰なのかを読み解くヒントになる。

画像ファイルを例に考えてみよう。PNG、JPG、GIF、BMPのいずれも先頭にヘッダーを置き、フォーマット、バイト数、縦横画素数などを提示している。閲覧ソフトはその部位を読んで様式を判別し、定められた仕様にしたがって後続データを展開するのである。この手法を独自アプリの保存データにも適用すると、セーブ&ロード関連ルーチンがシンプルになる。

コラム――先読みがいい

その昔、筆者は、スポーツカーに乗るくせ燃費を気にするセコい人間でした。アクセルを踏む時間を減らすべく、遠くの信号をめざとくみつけ、黄色になるや慣性で走ることを常としたのであります。

信号同士の間隔が小さいなら、もうひとつ先まで確認しましょう。黄を慌てて通り越しても、その次で停止したのではガスを無駄にするだけ。事故を防ぐためにも理知的な運転をしましょう。

9.1　体制による支援

経済と社会の力によって芸術や美意識につながるRモードの特性が、趣味人の格好いい贅沢ではない時代に突入した。

ダニエル・ピンク（作家）

自分たちはアートビジネスに携わっていると思っています。自動車はアートであり、エンターテインメントであり、動く彫刻です。それがたまたま同時に移動手段でもあるのです。

ロバート・ルッツ（元 GM 会長）

ソフトハウスは美術商。

読人不知

引き続き、体制側にも迫っていこう。

ユーティリティー

前節「探す・書かない」でも述べたとおり、各担当部位ごとに似たようなユーティリティーが点在する状況は好ましくない。DRY 原則違反である。関数名や引数の順序を確かめるために、あちこち調べまわるなんてのは時間の無駄だ。事業部共用ユーティリティー、プロジェクト共用ユーティリティーに集約するだけでかなりの時間を節約できる。ここはぜひとも「例のアレね」で済ませたい。

唐突ではあるが、みなに提案したいことがある。ハッカーなら誰しも自分専用の道具箱をもっていよう。ここはひとつ、求めに応じて知恵を会社に提供してはどうだろう。逆に会社も個々のハッカーに対して、というよりハッカー国全体に対してユーティリティーをオープンなものとして利益還元してほしい。「utility = provided for people to use」の意義を理解してほしい。ハッカー国発展への寄与を拒否するような企業には三行半《みくだりはん》を叩きつけることも併せて提言したい。業界全体として知識がプールされれば、標準ライブラリーに登録される日が来るかもしれない。

クルマの脱内燃機関を推し進め、「drive by wire」が常識となった現代、「自動車業界標準ライブラリー」が ISO として策定されることを切に願う。もし、そのようなものが各界ごとに成立すれば、この世からどれほどの「無駄な無駄」が削減できることか。自動車系プログラムの開発経験者なら、筆者の言わんとしていることを理解してくださるのでは。人類の産業・科学技術はそのようにして進歩すべきだと思う。

Lisp に関していえば、書籍に記載されるユーティリティーを丸々採用しちまえばいい。Lisp アプリケーションはサーバー内処理用途が大部分だから GPL を気にする必要はないし、Lisp 関連書籍の著者たちだって、カネを取ろうなんてセコいことは考えていないはず。現に Hoyte 師は「たとえ望んだとしてもコードの所有権を主張できるとは考えていない」と宣言している。本書冒頭で列挙した Lisp 本についても掲載コードがファイル化され、ダウンロード可能な体制を整えてある。筆者はグルたちのコードを改変することなく、そのまま使わせていただいております。構いませんよね、Lisp グルのみなさん？

ユーティリティーといって筆者にひとつ思い浮かぶのが『ハッカーのたのしみ』（Henry S. Warren, Jr.著／滝沢徹他訳）。特に筆者が重宝しているのが`pop()`、`rev()`、`nlz()`である。ビットをもてあそぶコードが満載なので、特にデバイスドライバー担当者にお薦めだ。

➡ 項番 3.5::「ユーティリティー再考」(P.52)

コーディングスタイル

> コンセプトの完全性こそ、システム・デザインにおけるもっとも重要な考慮点だと言いたい。システムの基本コンセプトと一致しないなら、優れた機能であれ、デザインであれ、除外しておくのが一番だ。
>
> 『人月の神話』第 4 章
>
> 同一人物がデザインと実装を受け持つことで、大きく勝つことができる。
>
> 『Hackers』第 2 章

「コーディング≠デザイン」と捉える一派がある。その代表者が Brooks 氏だろう（『人月の神話』第 16 章）。コードだって立派なデザインだと言えないかい？　Knuth 先生の名著は『The Art of Computer Programming』ってタイトルなんだぜ。

素晴らしい出来のハッキングを指して芸術だと言う人もいるし、職人技とみなす人もいれば、「期限さえ守れば中身なんてどうでもいいや。見てもわかんねーし」と主張する一派まで、コードに対する考え方はさまざま。髪のとんがった上司のお言葉は、ある意味、芸術やデザインの本質を衝いているようにも思える。「美なんて主観的なものさ」「ピカソってそんなに凄いの？」「クラシック音楽なんて子守唄だよね」「ルノー 2CV？　ダサっ」云々。

Lot#18　ダサいとは、こういうことさ

筆者はもちろん「コーディング＝デザイン」の見地に立つ。上級ハッカーならシステムデザインをコーディングと同じレベルでこなせるだろう。真のハッカー、すなわちクリエイターたるもの「こういうものを作るんだ」という明確な完成像を常にイメージしている。

芸術・デザイン分野の人間が完成形を見失ったらおしまいだ。コンセプトの完全性という考え方をコードの世界にも敷衍《ふえん》すべきであると筆者は信じている。

本項目は前節で示した個人スキル「一貫性」に相通ずる。プロジェクト全体を通じて書式の一貫性を保つには、スタイルガイドの作成、および、有識者による定期的なチェックが必要だ。書式が統合されれば内容の把握が容易になる。担当部位を移る折にも引き継ぎが速やかに終わる。

筆者には会社員時代の経験や、常駐員として数社へ赴いた経験がある。実態は会社によってかなりのバラツキがある。スタイルガイドが一切存在しない部署、その存在を知る者がごくわずかな部署、作りっぱなしでメンテナンスしない部署、アップデートと周知を徹底する部署。プログラミング言語のルネサンスたる現代において、言語ごとにガイドラインを作成するのは手間だけど、絶対に実践すべきだ。JavaScript 界には、無用な改行やスペースを除去する Web サービスが存在する。そこから派生し、各種言語用の整形プログラムを作るのもひとつの手だ。

ちなみに Common Lisp のスタイルガイドは、C ほどやかましいことは求めないだろう、Lisp はシンタックスがないに等しいから。項番 1.5 で触れた「すべて同じに見える」という宿命的なトレードオフとして「ひたすらカッコ」の単一スタイルを獲得したというわけだ。

コラム――完成形とイメージ　映画監督の場合

伊丹十三監督作品のどこかに、蹴った空き缶が転がるシーンがあります。関係者の証言によるとそのカット、何十テイクもかけて、ようやく okay が出たとのこと。たかが缶の跳ね方ひとつとっても、クリエイターには強いこだわりがあるのです。

その昔、ラジオで聴いたのは確実なのですが、細かいところは失念しました。

もうひとつ、マイケル・ムーアが『BOWLING FOR COLUMBINE』について語った言葉を。

「僕は映画作家だ。作家なら、作品に自分の思いを込めるのは当然だろ。アーティストが言いたいことを言うのは当たり前じゃないか」

続・コーディングスタイル

プログラミング言語論争と同じく、コーディングスタイルも宗教と似た側面をもち、ハッカーたちの精神の膏肓《こうこう》にまで達している。筆者の見るところ、特に C において、その傾向が強い。『K&R』のような聖典があり、原理主義者が存在する言語は実に根深い。

全担当者が自発的に一貫性を重んじてくれるなら言うことはない、ランス大聖堂の建設要員のように。ケルン大聖堂のステンドグラス修復のような論争が起きてからでは遅すぎる。「スペースの挿み方に至るまで総統命令には絶対服従」なんてゲシュタポ方式も子供じみて趣味じゃない。まあ、筆者は一貫性を好むから従うけれど。

関数名はハンガリアン記法がよいのか、機能を正確に表現する長い名称がよいのか、任意の命名則に則した略称がよいのか、どちらでも構わないのかは少人数の下に決したい。船頭多くして船、山に登る。大人数を集めて喧喧囂囂《けんけんごうごう》するよりも、有識者による鶴の一声のほうが間違いは少ない。

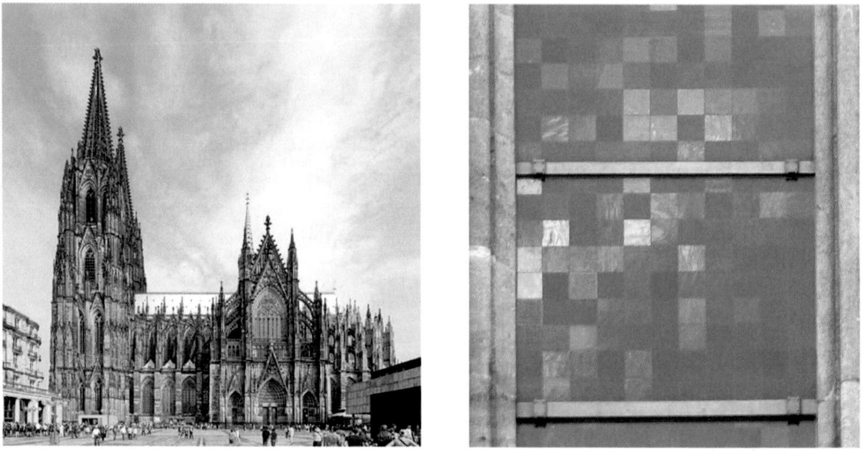

Lot#19　ケルン大聖堂とゲルハルト・リヒター作のステンドグラス

作家は自分の文体に強いこだわりをもつ。というより、個性のない文章では世に出られない。教師から「このスタイルで書きなさい」と強要されて書くのではなく、長年の試行錯誤の末にようやく手にしたものだ。さまざまなインタビューから察するに作家とは、多かれ少なかれ「自分のやり方は常に正しい」と考えているようだ。ハッカーたちがしばしばコーディングスタイルについて激論を交わすところを見るに、やはり両者は似た者同士であるとつくづく思う。

「書くことや自身のスタイルに強いこだわりをもつ人は作家としての資質を備えているといえなくもない気がしなくもないが断定することはできないし、それを有したところで物書きになれるとは限らない、というのが社会的通念なのであります」

政治屋・官僚風味の効いた、何一つ結論を下さない文章がこの世には存在する。そのような言葉遊びをする連中を一人残らず抹殺したいと思いません？

コラム——官僚

伏魔殿の異名をとる中央省庁。なにもそれは大臣経験者が揶揄《やゆ》するだけにとどまらず、小説のエピソードとしてもたびたび取り上げられます。筆者の愛読書『ノルウェイの森』（村上春樹著）から抜粋すると、こんな感じでしょう。

「ねえ、外務省の上級試験の二次ってどんなですか？　永沢さんみたいな人ばかりが受けにくるんですか？」

「まさか。大体はアホだよ。アホじゃなきゃ変質者だ。官僚になろうなんて人間の九五パーセントまでは屑だもんなあ。これ嘘じゃないぜ。あいつら字だってロクに読めないんだ」

……中略……

永沢さんが外務省の試験の話をした。受験者の殆んどは底なし沼に放りこんでやりたいようなゴミだが、まあ中には何人かまともなのもいたなと彼は言った。その比率は一般社会の比率と比べて低いのか高いのかと僕は質問してみた。

「同じだよ、もちろん」と永沢さんはあたり前じゃないかという顔で言った。「そういうのって、どこでも同じなんだよ。一定不変なんだ」

「こういう奴らがきちんと大学の単位をとって社会に出て、せっせと下劣な社会を作るんだ」「この連中の真の敵は国家権力ではなく想像力の欠如だ」ですって。村上さんのユーモアは独特でおもしろいですよね。

それはWWII日米開戦前夜のこと。戦線布告の書簡を米国政府へ届ける重大局面において大使館職員は……　村上さんはあの度し難い大失態と姑息な隠蔽工作をご存知だったのでしょうか？

日本のコンピューター界における官僚最大の失策とえいば、シグマ計画。

官僚の悪行をもっと紹介したいのですが、切りがないのでやめましょう。

9.2　読みにくいコード

前節までは筆者が理想とするコーディング環境、すなわち、ライトサイドに焦点を当ててきた。本節ではダークサイドの視点からプログラムの可読性について考える。

会社員時代、組み込みソフトを担当していたことがあり、そのころから筆者は各コーダーの腕前と進捗度・成果物の関係に興味があった。醜悪なプログラムを構成する要素はいくつもあるが、その多くはある種のパターンに分類できた。つまり、ツボさえ押さえれば、プロフェッショナルとしてそこそこ通用するコードが誰でも書けることに気づいたのである。

特に見苦しさを際立たせる要素をC言語の領域を中心に掬《すく》い上げてゆく。本書の趣旨からすれば汚いLispコードを紹介したいところだが筆者の寡聞ゆえ、そのようなものにはお目にかかったことがないのだ。あしからず。

◆入門書に書いてある知識の欠如

代表例：ヘッダーファイルの活用法、修飾子（`static`、`const`、`extern`）の適用法、構造体の代入、`memset()`を用いた一括クリア

「冗談キツイでぇ、素人じゃあるまいし」と笑うなかれ。何せ、項番3.1で紹介したテレビに搭載されたプログラムのほぼすべてが、これに該当したのだから。本をひもとけば先達の知識が得られ、実際に試したくなる。ハードウェアと違い、ソフトの試作なんてパソコン1台あればすぐできる。要は好奇心と実験精神だけなのに、ぷろぐらまぁには微塵もない。彼等の書くコードが泥沼と化し、期限を守れなくなるのも当然なのだ。チームリーダーにしても、この程度の技術指導はしてほしい。
ハッキングに限らず、この世のあらゆる仕事にはコツやセオリーといったものが存在する。些細なことから重要事項まで多種あって、作業をしているうちに気がついたり、他人から教わったりする。そして、それを知る／知らないで結果に雲泥の差が生まれるのは読者諸氏もご存知のはず。

◆制御構造の不適切な選択

代表例：ループには`while`文しか使わない、`for`文しか使わない、分岐には`if`文しか使わない、`break`や`continue`の未使用

言語の備える機能をフル活用しないともったいない。ネストを浅く保つコツも併せて掴んでほしい。

◆策に溺れる

代表例：三項演算子の不適切な使用、いたるところに記述されるコンパイルスイッチ類、マクロによる文法の捩じ曲げ

適切に使えば便利なのに、生半可な知識と経験の下でテクニックを濫用されるとコードが追いにくくて仕方ない。とはいえ、調子に乗ると筆者も犯しかねない。冒頭で述べたとおり、本書は筆者自身に対する備忘録でもあるので、釘をさしておく必要があるのだ。
コンパイルスイッチは、配列・ジャンプテーブル・プラグインを多用した「データのみを記載した.cデータベースファイル」の中だけにとどめるのが理想。比較検討を済ま

せた「#ifdef〜#else〜#endif」もとっとと削ろう。
利便性と危険性は紙一重なのだと改めて思い知らされる。簡潔さを心がければ避けられるものばかりに思えるのは筆者だけ？

◆仕様変更に対する備えがない

代表例：マジックナンバーの使用、マクロ「NKEYS()」の不備、無駄なくみっちりきっかり設計されすぎた構造体や列挙型、欲しいところにないプラグイン

自動化や冗長性は未来への投資。たとえそのプロジェクトで使われることがなかったとしても、芸の肥やしとして今後のあたなのキャリアを豊かにしてくれるはず。

◆スタイルの不統一

代表例：カッコやスペースの与え方、関数名、変数名

です・ます調、一人称・三人称の混在、あるいは、一語一意の不調法を思わせる。
……《この本、むちゃくちゃやん！》……
Yes, this is it.　確信犯としてやっているので、これはこれでいいのだ。

◆メリハリのない長さ
基幹部位が長くなるケースは確かにある。そのような場合は、処理ブロックごとに見出しを設けるなり、空行を挿むなりの工夫をすべき。
ダラダラ続く放漫なコードを読み返しても「何も感じない」「無関心」なら、あなたの適性に合った仕事へ転職していただきたい。人には得手・不得手があるのだから、自分の能力を活かす道へ舵《かじ》を切ればいい。

◆コメントの過不足
多すぎても鬱陶《うっとう》しいし、必要なところにないのは論外。ぷろぐらまぁは何故こうも両極端なのか。知識と技術は努力次第で、どうとでもなるのだが、センスを一番問われるのはこれかも。

◆拙劣なデータ構造、規則性の看過
コードに関する美醜談義は、これがとどめを刺す。
知識と経験に乏しい新人は致仕方ないにせよ、せめて「配列とループを用い、ロジック自体は1つで済ませられないか」という意識だけは常におもちいただきたい。再帰処理に思い至れば上等。「マッピングできればなあ」と考えたあなたは立派なLispハッカーである。DRY原則を犯していないか常に自問してほしいし、上級職の人たちもそのような技術指導をするべきだ。

プロスポーツ界にはプロのコーチがいる。「傍《おか》目《め》八目《はちもく》」という言葉が示すとおり、自分の欠点は自身では気づきにくいもの。だからこそプロスポーツチームは、大枚はたいて優秀な指導者を雇うのだ。王貞治は事あるごとに荒川博コーチに対して感謝の言葉を捧げている。文芸界においては過去の風習となったものの、噺家は今なお必ず誰かに弟子入りする。自分の欠点を恥じる必要はなく、むしろ、他人の意見に耳を貸さないことを恥じるべき。IT業界にもコーチ制を取り入れてほしいと切に願う。

コラム──C おすすめ本

まえがき表 B::項番 0, 1 のほかに以下を推薦します。

◆『ANSI C 言語大辞典』 マーク・ウィリアムズ社編／坂本文、今泉貴史監訳
標準ライブラリーを引くなら、これ。やや古いため、C99 に関する記載がないのが玉に瑕《きず》。みなさん、「探せ・書くな」ですぞ。

◆『C 言語 ポインタ完全制覇』 前橋和弥著
筆者が特に感心したのは第 3 章。

◆『C リファレンスマニュアル 第 5 版』Samuel P. Harbison III, Guy L. Steele Jr.著／玉井浩訳
広辞苑の C 版。これを引けば C の疑問はほぼ解消。

巻末の字句解説に掲載した藤原さんの本もおすすめです。

コードと文章の類似点

寝床に就きながらこのネタを考えているうちに、ハッキングと文芸の距離がますます近づいてきたと感じた。古人が「文は人なり」と評したとおり、人が書いたものには彼等の癖や習慣、好みが反映され、上手／下手も如実に表れる。

筆者の愛読書に『悪文』（岩淵悦太郎編著）がある。それをつぶさに追ってゆくと、日本語の文章における拙劣性にもある種のパターンが存在することが明らかになってくる。知ってさえすれば避けられる悪文、組織固有の悪文（裁判所、警察署、市役所など）、あるいは、気取った言い回しや難解な言葉を避ける重要性が示され、改行・読点の置き方ひとつで読みやすさが向上する例も提示している。読書は単純な娯楽としておもしろいけれど、巧拙を測る観測点をひとつでも多く会得しておけば、楽しさが倍増する。また、文筆で食ってゆくことを決意した人ならば、いわゆる「落とし穴」に関する知識を、弁《わきま》えるべき基本則としてひとつでも多く修得しなければならない。独創性や表現力云々はそのあとのこと。基本から外れたものを書いてしまうと嘲笑の的になるばかりでなく、読んですらもらえな

いのである。

書類一枚とってみても、組織に好まれる書式や文体が異なる。筆者の新卒時代、リポート作成講座以外に日本語文章講座も受講したし、社会人らしからぬ日報を書いた日には呼びだされて説教を食らったりもした。指導員も課長もメールの書き方にうるさかった。後日、異動した先では言葉に無頓着だったりと、人が違えばこだわるところも全く違った。「製品は、それを作った組織を反映する」と読み知ったとき、ハタと膝を打ったものだ。どういうわけか、ソフト屋よりもハード屋さんのほうが言葉に敏感だった印象がある。世に送り出す製品の品質はまさにその写像だった。

「なぜ、そのコード（文章）が上手いのか」は、主観的になりがちで理をもって説明するのは難しいけれど、「なぜ、そのコード（文章）が下手なのか」であれば、理知的に分析して語り聞かせるのはそれほどでもない。コードと文章の拙劣さを分析すると、要素が恐ろしいほど似通っているのは前述のとおりである。総じて言えるのは、たくさん読み、たくさん書いた人ほど上手い、ということ。良いものより悪いものからのほうが学ぶことが多いということ。自分の作ったものを定期的に見直し、己の下手さ加減を認めて改善を続けると上達が速い、ということだろう。そこへ第三者の意見を加えると、なおよい。「自分の成果物を他人に見せるのは恥ずかしい」と二の足を踏む気持ちはわかるが、もしあなたが、どこに辿り着きたいのかという明確な目標をおもちならば、勇気をもって前進してほしい。

コラム——悪文

件の書『悪文』は、日本語の文章の妙味について『草枕』（夏目漱石著）を例に解説しています。曰く、、、

山路を登りながら、かう考えた。

智に働けば角が立つ。情に棹させば流される。意地を通せば窮屈だ。とかくに人の世は住みにくい。住みにくさが高じると、安い所へ引越したくなる。どこへ越しても住みにくいと悟った時、詩が生まれて、画ができる。

音感は、文章をおおい、文章からあふれ出て、文と文のあいだを流れるほどに感じられる。　……中略……　文も長く、構造も複雑なものがあるが、いずれにしても、同じ語句のくりかえし部分を入れるなどの効果を生かして、文章の音感を発揮させているものと言える。

歯切れのよさ、文章の切れあじ、というものは、文の切れつづきの意味上の深みとともに、文章の音感によって生まれるものであろうと思う。

、、、だそうです。夏目師匠に座布団！　それに引き替え解説文は。。。

長大な理工書

第 0 章において、理工書の長大さについて苦言を呈した。プログラミング関連書籍が厚い要因のひとつとして、「イン・メディアス・レス（いきなり話の核心へ）」の欠如を挙げる。

筆者の希望としては、最初に結論なり完成形を提示してほしい。続いて次善コードを示し、前述のものがどう優れているのかを比較検証するのである。金銀の比較に意識を集中すれば、無駄な言葉の入る余地は狭くなる。言及するにしても銅まで。カスは無用。『人月の神話』第 19 章のような漸増的構築モデルを理系文書作成に適用されると、じれったくてしょうがない。具体例を示したいところであるが、それは読者諸氏への宿題としておこう。

比較は比喩と並ぶ、難解なものごとを説明する際の有効なテクニックである。楽器の調律が狂っている状況は絶対音感をもつ者でないと気づかないけれど、曲の流れの中で外した場合は一音ですら誰もがわかる。同様に、「ほら、これが……」と単体で示すのではなく、「そっちと比べてどうだい？」と相対的に論じたほうが、多くの人に伝わるはずだ。

もうひとつの長大さの要因は言葉遣いである。取り去れるものはないか、常に自問してほしい。本書とて例外ではない。校正は続く。

プログラミング言語と自然言語

「一面的な見方ではなく、ステレオの視点を持て。『良い説明』とは、複数の異なる視点を組み合わせたもの」。それこそが文芸的プログラミングの根幹です。
自然言語である英語と、C や Lisp のような形式言語の間で切り替えて、まとめ上げられる自然なフレームワークを提供するのが文芸的プログラミングの第一義。
もう 1 つのポイントは、プログラムを書くときに、コードをコンパイラが見たい形で提供する必要がないということ。人間の読者にとって最も理解しやすいと思われる形で提供することができるのです。
私のコードはマシンよりも私の脳の近くにあり続けようとするのです。

Donald E. Knuth『Coders』第 15 章 / arranged by hep

私は執筆中の本のせいで TeX を作る必要に迫られました。美しくない印刷の『The Art of Computer Programming』なぞありえません。全くひどい体裁の本を出版することに、どうして耐えられましょう。私は生涯の計画を変更し、以後の 10 年間を、印刷における美学の追求に費やすことにしたのです。

Donald E. Knuth『めったに』第 4 回講義 / arranged by hep

スーパープログラマとして生まれついた人間は世界人口の 2%足らず。スーパーライターもまたしかり。Knuth はみんなに、その両方であることを求めている。

John Bently『Coders』第 15 章

起業して見聞を広めるにつれ、プログラミング稼業の難しさを思い知るようになった。特にC言語の仕事で気苦労が絶えない。

筆者が会社勤めをしていた時分は保守作業より新規開発に携わる機会が多く、自宅でも趣味のゲームづくりをしていたために、自分のスタイルでハックするのが当たり前だった。また、生意気盛りの時期だったこともあり「ハッキングなんて楽勝さ」と自信過剰な自分がいたものだった。今思えば、そら恐ろしい思い上がりだったが、何の根拠もなしに増長していたのではない。プログラミングに関していえば周囲の人々の数倍は努力したし、彼等のコードを読み解き、彼等の進捗度とも照らし合わせた上でそのように考えていたのだ。

独立してしばらく経ったころ、保守作業の請負を始めた。いくつかの会社のプログラム、業務規定やコーディング規約、あるいは、雰囲気などに接してみると企業文化はまさに十人十色だった。「書き手によってコードはかくも異なる」という知識は『Cプログラミング診断室』（藤原博文著）から得ていたものの、いざそれがメシの種として身に迫ると笑える余地は雲散霧消して、汗と涙と残業の世界でもがき苦しむ筆者の姿だけがあった。個人のレベル差はある意味仕方ないとして、会社はどの程度まで後進を指導しているのか。教育方針は開発現場に依存していて、門外漢が頭を抱えるほど奇妙な記法を強いることも稀にある。人と体制を因としてコードにここまで多様性が生じるということはすなわち、ハッキングは文芸や絵画や音楽と同じく、人が何かを表現する手段のひとつである、と断じてよいのではと考えるようになった。

筆者はこの原稿を、7つの中編小説と2つの短編小説を著したあとに書き始めた。物書きの活動を始めて6年程度しか経っていないのに対して、プログラミング歴は25年近くある。筆者はコードに対するこだわりと、多くの苦い経験を有している。にもかかわらず、この本を書くのには、えらく骨が折れた。初稿はA4で70ページにも満たず、一冊の本として出版するには嵩が足りなかった。それから2年のあいだに第5、6章を加え、説明不足と感じる箇所を補ううちに100枚を超えていた。筆者の会社員時代、業務メールや特許明細書をしたためる際の習慣として「言葉を惜しむこと金のごとし」を実践したために、情に訴えかける部分が著しく欠落していたと今になって思う。良く言えば簡潔、悪く言えば安物ワインのようにあっさりしすぎて、いまひとつ深みがなかった。人が人に対して伝えたいことを言葉にするには情理を尽くすのがいかに大切であるか、あるいは、「有意義な無駄」がいかに重要なのかということが身に沁みたのだった。

管理職や「情報」の先生方も、難しく込み入った事柄をわかりやすく人に伝えることが業務の大きな部分を占めるはず。そのような場面にこそ隠し味を。部下や生徒たちに耳を貸してもらえるよう、情と理のあいだにユーモアという無駄を交ぜ込んでいただきたい。本書を手に取る読者諸氏がコンピューター言語と自然言語の両方のエキスパート、すなわち導師となることを願っている。

最後に、良い文章を書く筆者の流儀を。

図表やグラフで示せるなら、文章を書くな。

小難しい言葉を並べ立てて人を煙に巻き、自分のオツムを自慢しようとする人間が多すぎる。理系も文系も関係ない。言語の達意機能の限界を知り、発想の転換を試みる人物のほうが万倍上等だと思う。

➡ 項番 3.7「具象と抽象」（P.55）

コラム——オーウェルの六戒

『パリ・ロンドン放浪記』『動物農場』『1984年』でおなじみのジョージ・オーウェル。彼の随筆に『政治と英語』があります。注目すべき箇所をWikipediaから抜粋しましょう。

> 執筆当時の醜悪で不正確な英語の書き言葉を批判し、それは愚劣な思考と不誠実な政治の結果であると同時に、原因であり、曖昧さと全くの無能さが当時の英語の文章、特に当時の政治的な文章の最も顕著な特徴であると主張している（ひどい日本語ですね by hep）。
>
> 政治権力が発する悪文の共通要素を退けるためには、次の六戒に注意せよ。
>
> (1) 印刷物で見慣れた暗喩や直喩、その他の比喩を使ってはならない
> (2) 短い言葉で用が足りる時に、長い言葉を使ってはならない
> (3) ある言葉を削れるのであれば、常に削るべきである
> (4) 能動態を使える時に、受動態を使ってはならない
> (5) 相当する日常的な英語が思い付く時に、外国語や学術用語、専門用語を使ってはならない
> (6) あからさまに野蛮な文章を書くぐらいなら、これらの規則のどれでも破った方がいい

現代日本の政治屋が何か言葉を発するとき、照らし合わせてみよう。

9.3　まとめ

プロフェッショナルな仕事としてのハッキングは、共同作業を通じて達成されることが多い。そして、ハッカー同士の協調には体制側の支援も不可欠であることを再度強調したい。アリゴ・サッキが率いたACミラン、あるいは、ジョゼップ・グアルディオラが率いたFCバルセロナのように、プレーヤーとクラブによる比類なきハーモニーによってライバルをも唸らせる仕事を、我々も成し遂げたいものだ。

プログラムの読みやすさについて気の利いた手法を発見したあなた。独り占めせず、ど

うかハッカー国の発展に寄与してください。

第10章

ソフトウェア社会学

【アジャイルマニフェスト】

我々は、自らソフトウェアを開発し、かつ他者のソフトウェア開発を援助することを通じて、よりよいソフトウェア開発方法を解明しようとしている。この過程において我々は、

- ●プロセスやツールよりも、人と人との交流を
- ●包括的なドキュメントよりも、動作するソフトウェアを
- ●契約上の交渉よりも、顧客との協調を
- ●計画に従うことよりも、変化に適応することを

重視するに至った。これは、上記各行の左側にある項目の価値を認めながらも、右側にある項目の価値をより重視するということである。

『アジャイルプラクティス[0]』第1章

0　Venkat Subramaniam 他著／角谷信太郎訳、木下史彦監訳

本章のタイトルにおいて社会学と銘打ったのには訳がある。我々ハッカーが扱うものはコミュニティー共通のツールとしてのプログラミング「言語」である。まず職場があり、そして、コミュニティーの構成員としての個人がいる。ハッカーは、ユーティリティーやスタイルガイドといった共有財産を参照しながらコーディングしつつ、同僚や体制と連携しながら共通のゴールを目指している。

町内会に落とし込んでみよう。ゴミ出しの日を守る、ドブさらいに参加する。騒音に気を配る、ペットのフンは飼い主がかたす。みなが気持ち良く生活するために、いくつかのルールを守る。住みやすい街ができて世間から認められれば知名度・好感度が上昇し、住民が増えて商店街も活気づき、税収も伸びる。これはまさに、会社と読者諸氏との関係に同じではないか。どのような職場を覗いてみても、そこには社会の縮図というべき要素が

あるのだ。

派遣社員も外注さんも耳を貸してください。郷に入れば郷に従え。あなたもコミュニティー＆チームの一員なのだから。

Face to Face

しゃべっているうちにアイディアが湧く、あるいは、ホワイトボードを使って説明しているうちに自分の間違いに気づく、なんて経験はないかい？　これぞ、ひとつの場所に集まって働くことの最大の意義ではなかろうか。ホモ・サピエンスが言語野を発達させ、集団を形成しつつ助け合うことで厳しい生存競争を勝ち抜いてきたのだと実感する。

メールや電話をするくらいなら、直接出向いて会話する。15分程度のミーティングを開いて意識合わせをする。たったそれだけで進捗が円滑になり、後戻りの手間も減るはず。何より、面と向かい合って話すと親近感が涌く。親密度が高まれば、ピンチのときにサポートし合うことが容易になる。ゲリラチームの驚異的能率の秘訣はここにあり？

集まって働く効果を高める最上の隠し味が定時出勤だろう。よーいドンでみなが一斉に始業すれば「アイツはいつ来るんだ？」なんてストレスが減り、時間のロスまで減少する。

コラム――手と脳

人の手はしばしば「末端に出た脳」と称されます。ヒトの祖先は石器を作り、木と木をこすり合わせて火を起こしました。現代人もキーボードを叩いたり、料理を作ったり、絵を描いたり楽器を奏でたりと、手の機能を存分に活かして素晴らしいものを生み出しています。手は機能美のみならず、造型美としても人々の心を動かすようです。

とある研究成果によると、楽器を弾く人は学業も良好なのだとか。川合師＆ピアノ、竹内師＆チェロ、Fowler氏＆サックス。『ジャンキー』項番48で描かれるように、IT業界に奏者は多いようです。指を酷使すると脳が活性化するのかもしれません。利き手でない手を使うのも脳に良い？

定時出勤（・定時退勤）

前項で定時出勤の効果を説いたけれど、それは日々の定時退勤あってのもの。残業なんてしたら明日への余力を使い果たし、翌朝、寝坊しちゃうじゃあないの。集中力が尽きた状態でハックするデメリットについて項番8.0で示したのに倣い、疲れきった状態で帰路に就く場合のデメリットについても考えてみよう。

◆帰り道で一日の復習ができない

仕事がうまくいった理由、いかなかった理由、改善点などを検証できず、良いアイディアも模索できない。仕事を終え、微熱が残っているときこそ復習の効果は高いのに。

◆好きなことができない

家族との語らい、不純異性交遊、美味しい食事と酒、コンサート……世界は夕暮れと共に始まるのです。趣味も遊びもおおいに結構。そうやってお金が世間を回れば経済も潤う。ますます社会学ぽくなってきたでしょ。ただし、お遊びはほどほどに。

◆非効率

5時を過ぎて会議を開いたところで、疲れた頭は良いアイディアなんて出しちゃくれない。

5時を過ぎて重要事項を吹き込まれたところで、頭に入らない。

5時を過ぎたら浮かれて仕事どころじゃない。

筆者は集中力が尽きると木偶の坊と化す。終業5分前、満を持してやってきた髪のとんがった上司は筆者に業務を下す。そして翌朝、フレックス出勤した氏はこんなおしゃれなことを言う「ゆうべ頼んだ仕事、できてるよな」。

定時出勤は絶対要件だけど、定時退勤はケース・バイ・ケースとしか言いようがない。筆者はとりあえず「集中力が尽きたら帰ってよし」ルールを提案する。プロアスリートを見てごらん。全体練習と自主練習を上手に織り交ぜているでしょう。それで結果を出せなかったら自身の責任。体力・調子・進捗等を自己管理するのが大人ってもんだ。マネージメントなんざBiffにでも任せりゃいい。ハッカーたちは真のプロ集団であるべき、と声を大にして言いたい。

一方で、定時まで在席する意味合いも無視できない。社会生活を営む以上、他社連携をはじめとした「その時間しか空きがない」という状況がしばしば起こるからだ。ナポレオン曰く「地勢は取り戻せるが、時勢は取り戻せない」。時は金なり。プロたるもの、そこに勝機を見出したら職場放棄することは絶対に許されない。

結論。原理原則に囚われず、臨機応変に振る舞おう。

昼休み

12〜13時。なにも公官庁や丸の内あたりの大企業に右へ倣えなんてしなくても。メシを食いに外へ出ても待ち時間ばかり嵩んで、本屋散策ができんじゃないか。正午より多少早かろうが遅かろうが、切りの良いところを見計らって休憩するのが大人のやり方というもの。

お弁当も悪くないけど、夏は食中毒が怖いし、冬は温かいものを食べたい。少なくとも筆者は気分転換のために外へ出て、娑婆《しゃば》の空気を味わいたいなあと思う。エコノミー症候群対策としても、運動不足解消のためにも、脚を動かすのは良いことだ。

とある研究結果によると、午後の業務に入る前に仮眠をとると頭がすっきりして、効率アップに繋がるらしい。10分間、目を瞑《つむ》るだけでも効果があるとのこと。それを経験則として知ってか知らずか、スペインでは今だにシエスタ（午睡）の風習が残っている。筆者も自社業務のときに、しばしば実践する。寝てもせいぜい60分で目が覚める。効果は覿面《てきめん》。

メシの種としてハッキングは神経を磨り減らす宿命にある。せめて昼休みくらいは時間に縛られることなくファジーに過ごしてもええんでないの。融通の利くベンチャー企業では、ぜひ。

コラム──散歩

良いアイディアが浮かばない。そんなとき、あなたは何をしますか？

a) ひたすら考え続ける
b) チョコレートを頬張る
c) 散歩する
d) ニコチンを注入する

「a」だけは避けたほうがよろしいかと。堂々巡りの罠にハマります。

「b」を選んだあなた、会議の予定がないなら帰りましょう。筆者個人の実感として「甘いものが欲しい＝頭を酷使した結果として血糖値が低下している」では？　これ以上の疲労蓄積は避けたいところ。

筆者のお勧めは「c」の散歩。一息入れるだけで視界が広がることが多々あります。そんな筆者の同志こそ、アンリ・ポアンカレ。彼もアイディアに詰まると、外の空気を吸いに出たそうな。偉大な思考は散歩と共にあり？

「d」は……

会議

プロジェクト初期段階における会議は重要だ。最初の方向性が間違っていると、日を追うごとに目的地との誤差が大きくなってしまう。みなのベクトルが揃っていないと無駄なやり直しが増える。人は神ではない。100点満点の判断を下し続けることなど不可能だから、方向修正しながら前進するしかない。

問題は、毎週2時間のミーティング。午前10時、集中し始めた矢先に業務中断を余儀なくされる。チーム総動員で会議室に集まったのはいいけれど(全然よくない！)、ラップトップを操作する（ネットサーフィンしてるだけ？）者もいれば、居眠りを決め込む主任技師もいる（本当にいる！　筆者はこの目で見た!!)。さて、ここでクイズです。

Q. このようなケースにおいて採択すべき方策は？

「PC持ち込み禁止」なんて答えは0点。ものの本質が見えていない猿知恵である。

「隔週にする」もアリかもしれないけれど、25点。発想の転換がほしい。

筆者が提案したいのは「必要なときに、呼ぶべき人のみを集めて、30分以内で」である。資料を前もって配付し、あらかじめ読んでもらうことも重要だ。会議の冒頭、資料に書いてあることを一から十まで読み聞かせるのはやめにしよう。

一番重要なのは、会議を開くからには、なにかしらの結論を下すこと。我々は政治屋・官僚とは違うのである。

定例会議は無駄だと思う。ちょいと相談したいことがあるなら、昼食を共にすれば済むのでは。

悪いニュースほど早く

ハッカーと作家の一番の違いは、チームプレーか個人プレーか、だと思う。昨今のソフト開発は規模やリリース後のサポート等々、個で閉じることはありえない。他者との連携の中で動くと、自分の思いどおりに事が運ぶことは、まず、ない。

スケジュールは一応立てたが、予定は未定にして決定にあらず。一時が万事、それを言っちゃあおしまいだけど、遅延はどこでも起こりうる。筆者にも経験がある。本当にある。何度もある。「なんで今になって？　もっと早く言ってよ！」と叱られたものだが、これに限っていえば、髪のとんがった上司が正しい。早めに相談しておけば、なんらかの手を打てて挽回できたかもしれなかったのだ。

時は金なり。

悪いニュースほど早く。

凶報を口ごもらせない職場の雰囲気を作ろう。

コラム――早めがいい

ラジオやテレビの渋滞情報。報じ方に 2 種類あるのはご存知ですか？

a) 駒形から先、箱崎ジャンクションまで約 1km の渋滞
b) 箱崎ジャンクションを先頭に、駒形まで約 1km の渋滞

我々は「a」を支持します。

あなたは今、首都高 6 号線の堤通を南下中。

「a」の冒頭、「駒形」を耳にしたら、直ちに向島で降りる選択肢がとりえます。

「b」は最後まで聴かなければ判断しづらい。アナウンサーが新人でテンパっていたり、なんらかの理由によりカミカミ・グダグダだったりしたら、駒形に達してしまうことも。

重要な情報は早く出しましょう。また、「a, b」いずれにせよ、危機察知と判断はお早めに。

「我々」とは中山研究室を指します。この話題は先生との雑談で出たのです。そこは、ハッキングと日本語にこだわる人々の集うホットスポット。

選択肢（恩師・中山先生の教え）

下策でもよいので常に複数の手段を用意しておこう。いざというときに迂回路がないと時間を浪費して、取り返しのつかないことになる。たとえそれが下策であったとしても、手を動かしているうちに改良できたり、別のアイディアが湧くかもしれない。

Lisp ハッカーに本項を説く必要はないかもしれない。項番 5.0 で触れたように、現在実装中のコードは複数案を比較検討した結果なので、足跡を振り返るだけで代替案が手に入る

のだから。どのような検討をしたのかという比較内容だけはノートに書き留めておこう。

Python 哲学「やり方は一つでいい」では、いずれ袋小路へ追い込まれる。Perl 哲学「やり方は一つではない」という土壌が新しいアイディアを生む。ダーウィンをはじめとする生物学者、さらには理系人間であれば、「選択肢＝可能性」と考えるはず。選択肢を摘むのは独裁者の発想だ。

➡ 項番 5.0::「結」(P.70)

ペーパーワーク

> UNIX 信奉者は、詳細な機能仕様書や設計仕様書に関する見解が教科書とは異なる。
>
> 1. どうしても必要ならば、短い機能仕様書を書く
> 2. ソフトウェアを書く
> 3. テストして書き直す。期限が来るまで、これを繰り返す
> 4. どうしても必要ならば、詳細なドキュメントを書く
>
> 普通、「短い」機能仕様書とは、長くて 3、4 ページのものだ。「何が必要なのか最初は分からず」、「存在しないものについて書くのは難しく」、「完成までには膨大な変更が発生する」ために、のっけから詳細を記したところで無駄なのだ。
>
> 『考え方』項番 3.6 / arranged by hep

筆者も会社勤めをしていた時分はこれが大嫌いだった。コードを読めばわかるようなことばかり文章化することを求められたために。しかし、不要だと思ったことはない。ソースファイルに書ききれない注意点や補足事項を残しておけば、後任者に宛てた参考資料として有用だから。ドキュメントや制度の類が善きものとして作用するか否かは、体制次第なのだろう。

それにしても、2020 年にもなってフローチャートを描くなんて思いもしなかった。たぶん、まともなハッカーは 100%、フローチャートなんて読まない。プログラムの動作を理解するにはソースを読むしかないのだ。そんなものを書く時間に対して給料を払うくらいなら、読みやすいコードを書くのに費やした時間へ対価を払うほうが経済的である。そういうとんちんかんな会社には『人月の神話』第 15 章を献上したい。

ペーパーワークは「時期尚早な最適化は悪」と共通する本質を抱えている。初期段階ではラピッド・プロトタイピングに注力したほうが時間を有効活用できると筆者は思う。

記録を残す

言った言わない、知らぬ存ぜぬ。聞いてない、覚えていない、秘書・部下が勝手にやった。記録文書は破棄済み。回答を差し控えさせていただく、体調不良による入院のため面会謝絶。まったく記憶にございません。善処します。云々。政治屋・官僚の不祥事やスキャンダルに付き合わされるたびに耳にする。連中が言うことは、どれもこれも嘘・屁理屈・論点のすり替え・はぐらかし・責任転嫁・言い逃れ・開き直りばかり。与野党も行政も、そういう連中に忖度《そんたく》する検察も同じ穴のムジナ。いい加減にしてくれ！　公務員は導入教育において「過失は絶対に認めるな」と叩き込まれているのでは。トマス・ジェファーソンの言葉「政府に対する反抗精神は、ある種の状況下において多大なる価値をもたらす。なので、そのような心が常に保たれることを私は望む」を行動で示しても刑事罰は食らわず、大手を振ってのうのうと世間を渡れるのは上級国民だけ？

学生のみなさん、このテの言い訳はテレビの中だけだと思ってません？　ちゃいまっせ。社会に出ると、こんなのの連続なのよ、ホンマに。お父さん・お母さんがサラリーパーソンだったら尋ねてみなはれ。

だから、きちんと残す。

ビデオ録画は無理だとしても、音声も証拠としての価値は高い（財務省事務次官の某はセクハラの音声記録に白を切ってたっけ）。とはいえ、どちらも実現性は薄いから、文章が一番現実的だろう。

議事録は書くだけではあきまへん。関係者全員に配付し、間違いを正す。公式文書として保管すべし。某国の内閣官房のように、決裁書類の保存期間が1年未満などというのは論外である。

仕事の依頼も口頭ではなく、メール等の残せるものを経由して受理しよう。

自分の身は自分で守る。国と会社を信用してはならない。

社会人の心得です。

マネージャーとなったハッカーへのお願い。筆者の長い下っ端人生から言っても、作業指示は図解を交えた文章で下されると助かります。A4一枚。たったそれだけで、無駄な時間と労力を節約できるのです。「これ、説明しづらいんだけど……」という長い口頭説明は、聞く側にしてみれば「なんのこっちゃい」となること必至。自分自身の頭の整理のためにも「図表交じりの文章を起こす」は有効なのです。やはりここでも母国語能力・説明能力が役立ちます。偉い人ほど自然言語の研鑽を。

コラム――政治屋

政治（politics）　主義主張の争いという美名のかげに正体を隠している利害関係の衝突。私の利益のために国事を運営すること。

政治屋（politician）　組織社会という上部構造物の土台となっている泥の中に住むウナギ。そいつは、のたうつとき、自分の尻尾が動いたのを建物が揺れ動いたものと思い違える。政治家（statesman）と比べてみると、生きているだけ、条件が不利である。

『新編 悪魔の辞典』Ambrose Bierece 著／西川正身編訳

ぜんしょ【善処】　うまく処理すること。政治家の用語としては、さし当たってはなんの処置もしないことの表現に用いられる。

『新明解国語辞典 第六版』

「善処」なる言葉を政界へ持ち込んだ人物は若槻禮次郎とのこと（『井上ひさしの日本語相談室』）。政治屋たちが無駄な言葉遊びにうつつを抜かすのは、昭和のはじめから変わらないようです。

政治屋の悪行をもっと紹介……書いていて気が滅入ってきました。

「私に言いたいことがあるなら、概要を一枚にまとめた書類を持参したまえ」と諭したのはウィンストン・チャーチル。彼こそ平和賞ではなく、ノーベル文学賞を受賞した唯一の政治家です。

大人の嗜み

「良い大人」としてとるべき行動を集めてみた。ハッキングシーンのみならず、あらゆる職場で役立つと思う。

◆発想の転換

「ダメだよ」。クサいメシを食った経歴をもつ M&A 好きな某有名人の口癖だ。

もう、やめましょうや、デフォルト否定なんて。

「そこをああしたらグッと良くなる」「こうしたら、おもしろそう」「発想は良いのだから、ブラッシュアップしなきゃもったいない」のほうが万倍建設的だと思う。我々も “That's not suck（ダメなんかじゃない）” 運動の担い手となろう。

何かに躓《つまず》いたら、視線を真逆に移す「逆転の発想」を実践したい。

逆転の発想と聞いて、筆者が真っ先に思い出すエピソードをば。日清カップヌードル開発秘話。

麺をカップに落とす工程がどうしてもうまくいかなかった。フライ麺をつまむと砕けてしまったのだ、当時の機械技術では。そこで麺をベルトコンベアーで流し、カップを上から被せることによって解決したのだった。

◆共感遺伝子の強化

「共感遺伝子の喪失」なる言葉がある。

降りる駅まで残り5分の行程。なのに、特急列車の通過待ちのために15分間待たされるのです、常磐線では。何がなんでも金蔓《かねづる》の利益を最優先。庶民の感情を無視した銭ゲバ企業の実例であります。

ブラウザーアプリの商売なら「早めのリリース&迅速なフィードバック」が可能だ。

お客様の意見は貴重なデータである。

この世には消費者の需要を的確に狙い撃ちできるデザイナーや開発者がごく少数存在する。筆者にはできないし、ほとんどの部署にもいない。そのような人材の不在をカバーしてくれるのが顧客の言葉。会議室で頭を突きあわせて、ああだこうだ議論するよりも、とっととリリースしてユーザーの声に耳を傾けたほうが良い結果に結びつくのは自明の理。Unix ハッカーはこの哲学を「悪いほうがマシ」のマントラをもって認知している。

キリスト教において、悪魔は天使が堕落したものとして描かれる。神の忌み嫌うことは、神の手の内を知り抜いた者でなければ遂行できない。神の御心に理解のない悪魔が悪事を働いたとしたら裏目に出て、神を喜ばせてしまう結果を招きかねないのだ。

共感力は反作用としての使い道もある。ライバル会社の嫌がることを想像し、実行に移せば、自社の利益になる。「他人の不幸は蜜の味」を現実のものとするためには、相手の心の内に分け入ることが鍵となる。

本書についても読者諸氏の感想を聞かせてほしい。「挑発的」「議論を呼ぶ」「大馬鹿だ」「くそったれ！」「This is FAKE! You are a LIERE!!」「クレイジー」「冗長複雑で救いようのない駄作」「偏見と言葉遊び、冗談がすぎる」等々、なんでもござれ。次回作への糧としたい。手前は、馬鹿正直かつクソ真面目に、真実をありのまま綴っただけなのですが。

第11章

言い残し

最終章に向けてラストスパート。

適材適所

筆者はLispを愛している。Lispの機能をフル活用すればたいていのことができてしまう、バイト・ビット処理までも。しかしながら、すべてのハッキングをLispで、とは思わない。それぞれのプログラミング言語には得意分野というものがあり、Lispとて例外ではないから。ハード側に寄れば寄るほどCの守備範囲に踏み入るだろうし、テキスト処理ならPerlが定番だ。

Cに`stdlib.h::system()`があるように、Lispにもシェルを呼びだす方法がある（項番1.1参照）。なんのためにそんな口が設けてあるのか。処理を言語間で分担するため。

プログラミング言語の仕様を策定する人は聡明だから、アウトソーシングの価値を熟知している。餅は餅屋に。グルの知恵を無視するなんて愚の骨頂。だったら、賢明なる読者諸氏よ、その機能を最大限に活用しようではないか。みなの衆、Steel師の御《み》言《こと》を心して聴き給へ！

> 1つの言語があらゆる問題を解く上でほかのどの言語よりも優れている、ないしは同等に優れていると考えるのは間違いだ。
>
> Guy Steel『Coders』第9章
>
> 大事なのは「この技術が何に適しているか」であって、「どうしたらこの技術でこの問題を解決できるのか」ではない。
>
> 『ジャンキー』項番11

国や地域が違えば地場産業も違う。人が違えば話す言葉も異なり、得手・不得手がある。之すべて主の思し召しなり。どことなくバベルの塔の顛末《てんまつ》を連想させる。

ふむ。一部処理を下請けに出すのはいいとして、どの言語にやらせよう……Perl、Ruby、

Python？　はたまた、FFI の導入か……

ちょっと待って。大事な言語を忘れてないかい？　シェルスクリプト。

項番 2.4 でも言及したとおり、パイプ処理を活用したシェルスクリプトは強力で、ひとたび書けば、別の業務・別のマシンでも使い回せる。だったら、汚れちまったコード海の浄化を Unix の貝に託すことを最優先に検討しようじゃないの。

➡ 項番 1.1::「シェル呼びだし」(P.16)
➡ 項番 8.0::「軽く、バグの少ないコードを、短期間で組む」(P.107)

ペアプログラミング

上級 Lisp ハッカーが組んだコードは凝縮度が極めて高い。そのようなコードは裏を返すと、保守性が降下傾向にあるといえなくもない。コメントもあるし、ドキュメントも揃っている（ただし、コードと矛盾する記載が散見される）。「I am not expected to understand this.」なんて開き直れる状況じゃあないんだ、雇われ保守員は。

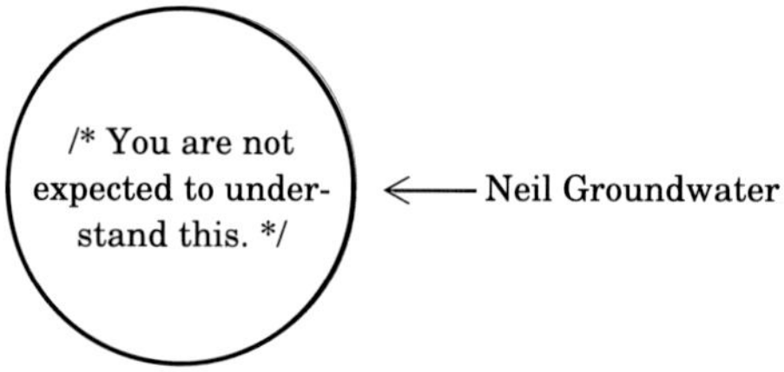

Lot#20　おしゃれバッジ 1

C コードであれば難易度なんて高が知れてるし、優れたオープンソースも世に溢れているから副読資料として活用することがいくらでもできる。だが、Lisp アプリケーションのソースが公開されるなんてことはありえない。

ペアプログラミングの最も効果的な現場は Lisp ハッキングシーンではないかと筆者は考える。コードやドキュメントに書ききれない思考過程を伝承する体制を確立しておくと、後顧の憂いをひとつ減らせることになる。意見を交換しながらハックすればコードは読みやすくなるだろうし、仕様書にも自分一人では気づけなかった注意事項を盛り込める。ハッカー国の底上げには一石三鳥なのである。

「1 人だって大変なのに、2 人も連れてくるの？」人事担当者の泣き言が聞こえる。Graham 師はかく説いておられます、「Lisp ハッカーを 10 人揃えられないのなら、そこは IT に不適な土地なのだろう」。

Lispペアプログラミング ケーススタディ

Lisp 開発チームの構成員が上級者ばかりであればペアプログラミングは不要かもしれないし、ペア作業の日と個人作業の日を織り交ぜるのもひとつの手だ。それだけエキスパートが揃っていれば、相当難しいアプリケーションであっても 1 年程度で完成するだろう。昼飯どきから午睡にかけて基本方針を確認し、気が向いたら互いのコードをレビューし合って、アフターファイブにオフ会のようなものを開けば、知らずしらずのうちに互いのコードに対する理解が深まっているんじゃないか。そのような土壌があれば、初級・中級ハッカーが大化けするのに半年あれば充分だと思う。

ただし、ひとつ条件がある。髪のとんがった上司の支配が及ばないゲリラチームであればの話だ。Lisp に理解のない邪教の徒が口を挿みだしたら、プロジェクトの崩壊は確実である。挙げ句の果てには「Lisp なんて妙ちきりんな人工知能言語はやめにして、今すぐ『業界のベストプラクティス』Java に切り替える！」と宣言し、チームを再編することも。

2 人しかいないチームの少なくとも一方が初級者なら、ペアプログラミングが欠かせない。こちらのケースにしても、一本立ちには 1 年程度で充分だ。

ところで、読者諸氏はこんな疑問が涌かないだろうか？

Q. Lisp ハッカーがマネージャーを兼ねた場合、ヨシフ・スターリンに豹変するのでは？

心配ご無用。99.9999%ない。コードと CPU の支配には強い関心があるけれど、「他人の支配」が好きなものリストに挙がることはないはず。ハッカー最高のご馳走は美だと思う。知的好奇心をくすぐるものが-1 等級として続き、データ構造は 0 等級だろう。データ構造より上等なものはメタメッセージとしてハッカー国の憲法序文にでも載せようか。

集中力

プロアスリートのみならずサラリーマンだって、集中力が仕事の出来を左右する。

そして DRY 原則と同じく、この問題も個人と職場の両者が鍵を握っている。

【個人】

ハッカーたるもの、携帯電話で遊びながら仕事をしてはならない。

ハッカーたるもの、音楽を聴きながら仕事をしてはならない。

ハッカーたるもの、時間を細切れにするような状況を極力避けるべき。

【職場】

職場は静かな環境を提供すべき。

職場は電話を原則禁止にすべき。用があるなら直に会話するか、ミーティングスペースを活用する。

職場は残業を原則禁止にすべき。集中力が尽きた人間は、あまり役に立たない。

職場は長時間の会議を禁止すべき。必要な人のみを招集せよ。

【両者】

定型雑務を自動化し、重要な業務に注力せよ。これは技術職のみならず事務職にもあてはまる。「Common Lisp＋データベース＋SpreadJS」等々、自動化の実装過程で困難が生じたら技術部門と連携して解決しよう。

職場の雰囲気づくりは、みなの協力あってのもの。国の制度を当てにしてはならない。「働き方改革」なんざクソ食らえ。

「集中力＋静寂＝天啓」に関する考察として名高いのが『ピープルウェア』第12章。起業を考えていらっしゃる方は必読だ。

筆者の能力では集中力を8時間も維持するのは不可能である。午後3時くらいに頭痛が始まり、脳が仕事を拒否するのだ。高品位な知的作業は1日あたり5〜6時間が限度である、との説に同意する。

ここに、集中力云々以前のエピソードがある。“ミスター・スパム・HR”という髪のとんがった上司。忘年会において彼はレバ刺に箸を伸ばし焼酎を呷《あお》りつつ、こんなことを得意気に語った。

「仕事中に株やるって超楽しいし、超スリル。アホな上司にバレないよう、真面目に仕事してるフリをしながら金儲けできるんだぜ。それで給料までもらえるなんて、超ラッキー」

現実は小説より奇なり。

毎日の9時〜5時勤務で期限に間に合わないのなら、何かがおかしい。ドクター・ヘイポーに三たび登場してもらい、病原と処方箋を挙げていただこう。

a) 仕事量が多すぎる

「無駄な無駄」によって身動きがとれない、などという事態に陥ってはいないだろうか？　また、定型雑務を自動化できないか？

→『ジャンキー』項番 5, 20, 79

→『ピープルウェア』第17章

b) 仕事のやり方が間違っている

「10-90の法則」を実践しては？

→『ジャンキー』項番 1, 31, 32, 43, 56

→『ピープルウェア』第 3, 10, 12 章

c) 能力が足りない

…………。

→『ジャンキー』項番 15

→『ピープルウェア』第 2 章

→『プログラマが知るべき 97 のこと[5]』項番 18, 26

d) やる気が出ない、朝起きるのがつらい、家を出ると吐き気を催す、会社のドアをくぐるとブルーになる

適性に合った仕事への転職をお勧めします。自身に合わない仕事をしたところで、誰一人として幸せになりません。

→『ピープルウェア』第 3 章

e) 髪のとんがった上司の顔を見るのが嫌だ、髪のとんがった上司と同じ部屋の空気なんて吸いたくない、ハセ g の存在自体が許せない、髪のとんがった上司をコンクリート詰めにして海に沈めたい、はせ g Ry、SPAM、ハセ g Tak、スパム、haseg、すぱむ、spam……

上司に嫌われた場合の道は残念ながら 2 つしかありません。一生ヒラか転職か。あなたが安定収入と出世を望むなら、ゴマ擂《す》りは欠かさないことです。

コラム——細切れにされた時間

OS にコンテクスト・スイッチ・オーバーヘッドがあるように、人の脳が思考を切り替える際にもオーバーヘッドが必要です。いったん集中したら持続する。切れてもう一度、コードの海に潜るには、いくばくかのタイムラグを要する。小説を書くにせよ、話の流れに乗らなければ艶《つや》を失い、登場人物たちも死んでしまう。ハッカーに類する人々が雑音などによる割り込みを嫌うのはそのためです。

現代社会における集中力の大敵といえば携帯電話。歩行中はもちろんのこと、信号待ち、エスカレーターに乗っているときなどなど、「何もしない時間なんて、ありえへん！」と言わんばかりに操作する慣習はいかがなものでしょう。常時、肌身離さずケータイを身につけていないと落ちつかない。いつも誰かと繋がっていないと不安。この人たちの辞書に集中という言葉はないのでしょうか。いいえ。それでもちゃんと集中できてしまう彼等こそ、スターチャイルドなのです???

マラソンやクロスカントリーで最も手ごわい相手は、ポーカーフェイスで淡々と背後につける選手ではなかろうか。雨が降ろうと槍が降ろうと、リズム良く淡々と業務をこなすのだ——

5 Kevlin Henney 編／和田卓人監修、夏目大訳

――と、いろいろ偉そうな口を利いてみたものの、すべては適切なスケジュールあってのもの。特に下請けは、多少むちゃな要求でも呑まざるをえない立場なので、従業員に長時間労働を強いているのが実状である。そのようなパワハラめいた状況にこそ国が介入して働き方改革とやらを推進すべきなのだが、政治屋・官僚たちはいったい何をしているのやら（資金集めやカネ儲け、次の選挙や天下り先への根回し？）。

髪のとんがった上司

こいつらの下に配属されてしまったら諦めるしかない。なにしろ、彼《か》の方々は void 型人間であらせられるため、どう諭そうが馬耳東風。全くわかっていないし、わかろうとする努力もしないし、部下の言葉に耳を貸す気はゼロ。自身の価値観に合わないものを徹底的に排除し、新しい技術をシャットアウトする。早い話が、変化を嫌い、過去に蓄えた知識にしがみつくだけなのだ。

活字を見るのも紙に触るのもイヤ（まんがは除く）という人種なので、ひたすら盲判《めくらばん》を押すだけ。部長は部長で、ちやほやされるのが大好きだから、髪のとんがった者同士でしかつるまない。ディルバートの法則は連鎖する。悲しいかな、これが現実。ドラッカーの説く「組織はいずれ腐る」の体現者がそこにいる！

よーく観察してみると、こいつらは七つの大罪を総ナメにしてません？　大食（ピザ系の体型）、強欲（!!）、自滅的怠惰（!!!!!）、肉欲（メイド喫茶好きの臭いフェチ）、高慢（!!!）、嫉妬（!）、憤怒（頭は切れないくせに、やたらキレる）。万歩譲って罪は不問といたしましょう。ですが主よ、奴等には自覚が一切ないのです。あの者どもは自らをして有能であると自認しているのです。

政治屋・官僚にしては小者であり、小賢《こざか》しくも小狡《こずる》い小役人に等しい存在。上位の者には下手に出て媚びへつらい、下位の者に対して尊大な態度をとる小心者。体の横幅のわりに小さいものを続けると、器、気宇や志、肝っ玉、ケツの穴、……

のみならず連中は肉をナマでつまみ食い、中《あた》っても我関せず。見栄っ張り（TAG Heuer をハメていた）の無精者。ゲスい短気短絡思考、吝嗇《りんしょく》（カネと努力に対して）、不寛容、不潔、五月蝿《やたらウルセーやつ》の王、コアタイム中に爪を切る、1 日 10 回は就業時間中にニコチンを注入する……なんと、寛容なる主は彼等をお許しになる?!「無神経・無駄・無能」の三無しこそ唾棄すべき、ではないと仰せなのですか?!!　ジーザス・Fuc……

映画『SE7EN』の主役 2 人に関する思い出を。

その零。ウィリアム（モーガン・フリーマン）が F ワードを口に出そうとして思いとどまるシーン。脚本家ウォーカー氏の忌み嫌う単語なのかも。知性溢れるフリーマン氏にお似合いの一コマです。

その一。ブラッド・ピット。映画『Inglourious Basterds』における米語丸出しで口を割るシーン。あからさますぎてわろてまう。それにしても、米語とはなんと汚い響きでありましょう。

コラム――理想的プログラマー???

怠惰、卑小矮小。
短気短絡、ドS、手が早い。
高慢と偏見。

どこかで聞いたことがあるような……そうですよ、例のアレ！　三徳（P.37 参照）です!!

なんということでしょう。Wall 氏はプログラマーではなく、髪のとんがった上司を高揚するプロパガンダを唱えていたです。ゲッベルスを兼ねるつもりはなかったのでしょうけれども、結果的に「髪のとんがった上司≒理想的プログラマー」を宣伝してしまったのでした？　筆者の偏見??

コラム――残業　髪のとんがった上司の場合

「人は期限を守るために残業するのではない。期限を破ることがわかったとき、非難から身を守るためにする（©G. M. Weinberg)」

そういうときこそマネージャーが手を差し伸べるべきなのですが、いったい何をしているのやら（株でキマり！）。

「いつLispか？」とは言うけれど

Lisp と適材適所の関係をプロジェクトや現場の観点から総括しよう。

【プロジェクト】

サーバーアプリ、コードジェネレーティングが Lisp の代表的な適用例だろう。ほかにはゲーム開発もあろうが、それこそ読者諸氏の創造力の囁《ささや》くまま、いろいろ作ってみてほしい。

【現場】

◆ベンチャー：＊＊＊

山積する業務を手際良くこなすにはパワーのある言語が求められる。ここぞまさに Lisp の独擅場。しかも開発者兼経営者は、その職場を離れることがないため、保守員確保の心配もいらない。

◆中企業：*

人の出入りの激しい職場で Lisp を採用するのは下策。保守や他言語への移行において大きな障害となる。「なぜその重荷を次の世に負わせるのですか（使徒行伝 15:10）」。

◆大企業 Type-A（ex. Google）：＊＊＊
サーバーアプリが中心の大企業でなら考慮の余地がおおいにある。ハッカーホイホイのごとき会社なら Lisp 教祖の雇用ですら難儀しないだろう。大枚はたいて雇ったグルをマネージャー職に据えるなどという適材適所違反は愚の骨頂である。

◆大企業 Type-B（ex. Microsoft）：星なし
ネット版ビジネス・スートが普及しつつあるので、状況は変わりそう。

◆大企業 Type-C（ex. 旧来日本型の企業）：＊
人事と教育次第。ひとたび髪のとんがった上司が管理職に就けば Lisp ハッカーは逃げ出し、たちまち人材難に陥るだろう。

コラム—Lisp ベースの家庭用ゲーム開発

検索サイトで「Lisp　ゲーム」と入力すると、PlayStation 用ソフト『クラッシュ バンディクー』にヒットします。FFI を使いまくり？　どのようなノウハウが存在するのか、ぜひ伺いたいものです。本を書いて！

未確認情報

本項で述べる事柄は筆者の個人的な体験談であり、データや検証がなければ確信もない、単なるひとつの可能性であることをお断りしておく。事実と考察を分離することは理系分野における基本中の基本なので、この前置きは必須である。

筆者はとある物語を書いたのち何度か校正を施し、「そろそろ他人に読ませても恥ずかしくないかも」と感じていた。

あるとき偶然、暇ができて、とあるシリーズものを１週間ぶっ続けで読み耽《ふけ》った。その出来栄えたるやストーリーしかり日本語しかり、救いようのない駄作だった。筆者のアタマは一時的な錯乱状態に陥り、大事な仕事を失注してしまった。ところが。

前回の校正から二ヵ月寝かせた自作を読み返してみると、粗《あら》が出るは出るは。

似たような作品や優れた作品ばかり読んでいると感覚が凝り固まり、微妙な差異に疎くなるのだろうか？　良きにつけ悪しきにつけ、脳に刺激を与えると、ニューロンに新たな結線が生じるのか？

鉄は純粋結晶のままでは脆《もろ》く、若干の炭素が含まれると硬度が高くなる。これ即ち、鋼《はがね》という。鋼材と鉄材。価値と価格に差が生じる要因は、不純物の微妙な出し入れがあればこそ。

ハッカー国周辺分野においても、シリコンに不純物が混ざると半導体となり、ウェハ素材に化ける。貴金属や宝石類においては純度が価値と直結するけれど、この世には逆のケースも存在するのである。

人は失敗から何かを学べる。人間、時としてクズに接するのも有益なのではないか、文筆業しかり、プログラミング業しかり。筆者にはデータ構造の一件もある（項番3.1参照）。ことわざや慣用句にも言う、「失敗は成功のもと」「他人のふり見て我がふり直せ」「反面教師」「他山の石とするな」「純粋培養の弊害を知る」「バカとハサミは使いよう」。善良な者は、どれほどひどいものでも良い方向へ転換させられる。そういうことにしておこう。

本件に関し、読者諸氏の体験談や意見をぜひ、お聞かせ願いたい。また、研究データが存在するなら、一報を乞う。

コラム――鉄0

ときは1950年代おわり、ところは中華人民共和国。大躍進政策をぶち上げ、鉄鋼増産に躍起になっておられた毛主席は各家庭に対して鉄製品の供出を命じました。集めた調理器具や農具を溶かしたところ、不純物だらけのクズ鉄の山ができましたとさ。

コラム――鉄1

超高純度鉄（純度99.999%以上）は延性に富み、腐食にも強いのだそう。材質としては金に似てますね。用途についても研究が進んでいるそうです。

コラム――鉄??

会社における不純物の役割はどうなのでしょう。

ベンチャーにぷろぐらまぁが1人でもいたら、すぐおしゃかになる。超高純度鉄の事例に似てますね。

旧来日本型の企業に真のハッカーがいたら、邪魔者扱いされて追い出される。クズ鉄の山？

無用なようです。

コラム――テツな人

Wikipediaによると、Uncle Johnは鉄道好きだったとか。モノポリーに興じると、いつも4つガメていた？

Ruby on Rails。中山先生も路線鉄なお方。テツな人はこの業界に多いのでしょうか。

ときにみなさん、0番線ホームが実在するのをご存知ですか？　日本には京都駅など、30ヵ所ほどあるそうです。ゼロ始点マンセー！

ハッカーと画家

絵を描く行為がハッキング、特にデザイン能力に対して益をもたらすかもしれない、と近頃、思う。ハッカーは、集中力勝負であることの代償として「のめり込みすぎる」の落とし穴に、しばしばはまる。その結果、まわりが見えなくなり、堂々巡りの罠に陥ってイライラして、周囲への気配りやコミュニケーションを欠いてしまう。

画家は長い柄の筆を用いてキャンバスから一歩引いて描く。書家は背筋を伸ばして高所より望みつつ揮毫《きごう》を認《したた》める。彼等がそのようにする理由は、パーツにこだわりすぎて全体としてのバランスを欠く状況「木を見て森を見ず」を避けるため。

ハッキングにおけるデザイン的要素「全体的調和」「一貫性」を確保するためには俯瞰的眺望が欠かせない。我々ハッカーは手を動かしてないからといって怠けているのではなく、頭の中でさまざまな検討を重ねつつ、次なる一手を模索している。そのような「OFF の時間」を意図的に作りだすと、コードの全体像を把握できるようになる。また、アイディアに詰まったときも、一心不乱に考え込むよりは一歩引き、散歩して緊張を解いたほうが天啓を得られることも経験的に知っている。

就業時間中に絵を描くのは不可能だろうが、趣味として楽しめば多面的な視点と習慣が身について、本業にも好影響を及ぼす？　どうなのでしょう Graham さん？

第12章

〆

> Heaven helps those who help themselves.
>
> ことわざ
>
> 賢者への道とは、そう、それは平凡で言うのは簡単。
> 誤りを犯し、そして誤りを犯し、また誤りを犯すこと。
> しかし、その誤りを減らし、そして誤りを減らし、誤りを減らすこと。
>
> ハイネ
>
> 報われない努力があるとすれば、それはまだ努力とはいえないのかもしれない。
>
> 王貞治
>
> 未だ木鶏に至らず。
>
> 大鵬

本書のタイトルは冒頭で紹介した筆者のお気に入り『ハッカーと画家』をもじったものだ。Graham 師曰く、ハッカーに最近似の職は画家である、とされているけれど、筆者は作家を挙げたい。なにもそれは、筆者が兼業作家であることに由来するのではなく、会社員時代からもち続けている考えだ。

{ ハッカーはプログラミング言語を駆使してコードを組み、給料を得る。
作家は自然言語を駆使して文章を書き、原稿料を得る。

{ ハッカーが組んだものを読むのは、零に保守員、一にコンパイラー（もしくはインタープリター）。
作家が書いたものを読むのは、零に編集者、一に読者。

{ プログラマーは山のようにいるけれど、優れたコードを組める人は 5%……もいる？
物書きは山のようにいるけれど、魅力的な本を書ける人は 5%……もいる？

「両者とも政治的・社会的思考が「邪《よこしま》」といえるかもしれないけれど、個人差がありそうだ。

本書の中でもたびたび、ハッカーと作家の類似点を挙げてきたので、おさらいしよう。

◆一貫性や「一語一意」を重んじる（項番 0、9.1）
◆鉄を熱いうちに打つ（項番 7.0）
◆柔軟なメディアの扱いに長けている（項番 7.0）
◆リズムを貴ぶ（項番 9.0）
◆技術の重要性を熟知している（項番 9.0）
◆ライティングスタイルに強いこだわりがある（項番 9.1）

コードと文章に共通する醜悪についても項番 9.2 で述べた。

創造的姿勢こそハッカーと作家の最も共通的な資質かもしれない。「こんなソフトがあったらいいな」「あんな物語を書いてみよう」。確かにゼニは欲しいけど、それより何より楽しいからこそ筆者は両方やっている。コンピューターゲームで遊ぶよりハッキングのほうが楽しい。読書より創作のほうが……そう、筆が走っている最中ならば。一向に進まないときの苦しみは映画『シャイニング』のとおりだ。

ハッカーは作家になれる？

巷説《こうせつ》によると Dijkstra 氏は「母国語が下手な奴はハッキングも下手」と説いたとされる。筆者はもちろん、その意見に全面的に賛成だ。グルたちが著した書籍はいずれも簡潔明晰で、ある種のユーモアを含む物語として映る、理工書なのに。

さて、本題。

Q. ハッカーは作家になれるのか？
A. かもしれない

こんな条件が揃えば、というものを挙げてみよう。

◆一番伸びる時期に仕事として文章を書く

筆者は入社直後の業務で試験リポートを山のように書いた。幸いにも、ハンコを押す人がうるさ型の方々ばかりだったので、ダメ出しも山のようにくらった。成長期に大量の文章を書き、厳格な指導を受けられたのは幸運だったと、つくづく思う。

筆者自身による自己分析からいえるのは、理系文章作成は母国語の訓練として上質であるということ。「どこで行き詰まり、失敗した原因を解析し、どのようなアイディアを試し、成功した要因をどう分析するのか」を、簡潔明晰に記述することが求められるからだ。理知と言語を結びつけることでメシを食ってゆかねばならない緊張感と責任感は、学生時代のおべんきょうとは違うのである。

早熟の人もいれば晩成の人もいる。あなたの成長期と試行錯誤の時期が一致していれば、学歴や経歴は関係ないと筆者は考える。

◆優れた指導者に仰ぐ

かなり厳しい条件だ。理系でありながら言葉を大切にする人自体が少数で、しかも、指導員とあなたの二人が揃うことを求めるのだから。それでも、文章を書いてお金を頂戴するには幸運が必要であり、人生のどこかで厳しい試練をくぐり抜けなければならない。我々はマラドーナや落合博満のような唯我独尊を貫ける天才ではないのだ。

◆人の話を聴く

友人との会話はネタの宝庫である。宴席でのぶっちゃけトークは特におもしろい。聴いて聴いて聴きまくり、印象深いエピソードをストックするのだ。

奇抜なアイディアの持ち主ほど、共に過ごしていて楽しい。ベンチャーに誘うなら、そういう人を選びたい。

◆遊ぶ

筆者は学生時代も会社員時代も、本業は下の上程度にしかやらなかった。当然ながら、成績も査定も低かった。それでいい。ほどよく遊び、印象深いエピソードをストックするのだ。

とあるスポーツ指導者は「真面目の不真面目」を説いた。真面目一辺倒な人ほど、あるいは、遊び慣れない人ほど偉くなった途端、詐欺や美人局《つつもたせ》にコロリと引っかかるのでは？　純粋培養の弊害といっていい。遊びは「有意義な無駄」なのだと筆者はしみじみ思う。

◆読む

IT 業界は知識の鮮度がモノをいうので、ハッカーは勉強家でなければつとまらない。筆者は理工書を読んだ、一冊の本を繰り返し。得た知識を職場で活用した。そのようなことをたくさんの書籍に対して試みてきた。知識を適用するたびに業務効率が向上したので勉強が楽しくなった。将来、役に立つかわらない知識を詰め込むだけの学生時代のおべんきょうとは違うのである。

趣味で文芸書も読んだ。こちらは、高校時代に巡り合った二冊の本のおかげだ。今でも筆者はその本を年に二度ほど読み返す。しょうもない本を続けざまに読んだあとライフワークに戻ると、その素晴らしさに感嘆する。当時、会社員だった筆者は分不相応にも「なんて上手いんだ」と嫉妬したのを覚えている。

◆とことんやる

ハッキングに完成の二文字はない。見直すたびに改善点を見出す。本で得た情報や他人のソースから盗んだ技術を試したい。散歩中に思い浮かんだアイディアをコードにぶち込みたい……

文芸も同じ。量をこなすのも大事だが、それ以上に重要なのは、過去に書いたものに対し、日を置いて何度も見直すことだろう。毎回毎回、これ以上は無理というほど没頭し、助詞の一文字まで吟味すれば、気に食わない箇所を必ず見出せる。校正に終わりはない。期限を迎え、やむなく打ち切るだけだ。

アインシュタインが特殊相対性理論を一般相対性理論へ拡張するのに費やした時間は約８年。地獄の苦しみだったと述懐した。石の上にも三年どころではない。あれほどの大天才ですら多大なる努力をしたのに、我々凡人が怠けてどうするのか。「もう限界」と思うその先に上達の階段がある。とことん集中すべし。ハッキングも文芸も、使う脳ミソの部位は全く同じだと筆者は実感している。

いかがであろう。ハッカーが画家になる可能性よりは、はるかに高いと筆者は思う。

物語を書く作業は容易ではない。試験リポートなんざ、組織の定める書式にしたがってテスト結果を流し込むだけで済む。片や文芸は、何をどう書いてもよいが、他人を納得させられるかどうかは腕次第。自分自身ですら納得させられないものを書いてしまったときの「どう書けばいいんだ？」という、あの恐怖は忘れられない。完全自由と引き換えの無力感。それを乗り越えるには、書いて直してを繰り返す以外に道はない。

では、何を書けばいいのか？　手始めは「一番〇〇だったこと」をタイプすることだろう。一番楽しかったこと、一番悔しかったこと、辛かったこと、泣けたこと……何かしらの感情と結びついた事柄なら、自分の言いたいことや気持ちがすらすら出てくる、というのが処女作を書き終えたときの率直な感想だった。核となる部分さえ書ければ、あとはその前後に辻褄《つじつま》を合わせるエピソードを足すだけ。

一度書き始めたら、立ち止まってはならない。勢いに任せて出し尽くせ。記憶・感覚・理性を総動員すれば原稿用紙100枚書く程度なら、どうにかなる。斧鉞と彫啄という理知的作業は初稿完成後にいくらでもやればいい。

ハッカーと作家。やっていることは本当に同じなのである。

コラム――おすすめ本　hep の場合

筆者に「目から鱗が落ちる」を実感させた 3 冊です。

◆『文章読本』三島由紀夫著

モーム、ショウペンハウエル、ナボコフ、谷崎、……国内外、この種の本は数あれど、出色《しゅっしょく》の出来。日本人全員にお読みいただきたい。

◆『書くことについて』Stephen King 著／田村義進訳

作家および作家志望者全員に熟読していただきたい。また、文章の味について興味をおもちの方にも。

◆『π と e の話――数の不思議――』Yeo・エイドリアン著／久保儀明、蓮見亮訳

著者が賛美してやまない $e^{ix} = \cos x + i \sin x$ や $\Sigma 1/n^2 = \pi^2/6$ にまつわるお話し。全人類にお読みいただきたい。オイラー、ライプニッツ、ニュートンなど、偉大な数学者たちが積み上げた仕事の美しさを実感するに違いない。

三本〆

最後に有名な言葉で終わるとしよう。

> プログラムは、人々がそれを読むために書かれるべきである。たまたま、それが計算機で実行できるにすぎない。
>
> 『計算機プログラムの構造と解釈[0]』
>
> 0　Harold Abelson, Gerald Jay Sussman, Julie Sussman 著／和田英一訳

本書を締め括るにふさわしい、これ以上の言葉は、ない。

付録A

ハッカー国憲法　hep草案

【序】

ハッカー国民は美をもって黄金とする。

コードにおける美的要素とは「0. 単純さと小ささ」「1. ボトムアップの妙」「2. 変更を見越した柔軟性」「3. 対称性の織りなすリズムと調和」であると考える。「2」「3」は保守性向上に寄与し、「0」「1」は前述に加えて開発効率・デバッグ効率に直結する。それらすべてを凝縮したプログラムは動作が軽く、占有メモリー量が少ないだけにとどまらず、仕様変更に伴う工数や、人事異動に伴う引き継ぎの労力を抑制するのである。

上記に掲げる理想的なプログラムを組むためには国民各々の学習と集中力が土台となるが、一方的な勤勉を押しつけることは盲目的共産主義であり、非人道の極みでもある。それらを不得手とするなら、この地を去れ。

ハッカーたるもの、好奇心の赴くまま書籍を読み漁り、得た知識を仕事に活かせ。優れたコードから盗めるだけ盗め。より多くのプログラミング言語を修得し、底流に潜む思想を掴め。

ハッカーたるもの、ON/OFFのけじめを自己管理して業務に臨め。定時出勤して8時間完全燃焼を果たしたならば誰に憚《はばか》ることなく退勤し、明日への英気を養うのが社会人のあるべき姿であるとここに宣言する。そこには上司の顔色も政府施策もない。「今日もやり遂げた」という確かな手応えと、不断の努力がもたらす技術的裏打ちがあってこそ、後ろめたさを覚えることなく帰路に就けるのだ。

ハッカー国への永住を決意した人々よ、何があなたにそうさせたのか？　正確無比なロジカルモンスターを従える悦楽なのか、あるいは、コンピューターゲームがもたらす快感なのか。いずれにせよ、どうすればこんなにおもしろいものが作れるのだろう、という好奇心こそがあなたをこの地へ導いたのではなかろうか。それでいい。組みたいから組む、書きたいから書く。あなたの指が紡ぎ出す脳内宇宙を、その小さなラップトップへ注ぎ込めば、万人が触れることのできるスペース・オペラと化して永遠の生を得るだろう。

ハッキングは楽しい。そして、ハッキングは美しい。

【第0条】データ構造

ハッカー国民はデータ構造に技術的な最上の価値を置く。データ構造が決まればアルゴリズムは勝手に付いてくる。

プログラムが混沌としかけたとき、もしくは、解に行き詰まったときには一歩引いて、データ構造を見直すべし。

第0項

データをコードから分離し、それらが複数の部位で使い回せないか熟慮せよ。

【第1条】抽象化

Don't repeat yourself.

コードの複数箇所に、ある種のパターンを見出したなら抽象化せよ。開発と変更を Do it once で済ませることはハッカー国民の義務である。

コピー＆ペーストは断じて許さない。微小な差異はクロージャーやプラグインを用いて吸収し、制御構造の抽象化はマクロで解決せよ。

過度な抽象化は禁物。あまりにも凝縮されたコードは柔軟性を損なうため、仕様変更の際に多大な負荷をもたらす。

第0項

抽象化の序列0位は関数である。ハッカー国民は、関数をプラグインとして使い回せる価値を十二分に理解しなければならない。

抽象化の序列1位はマクロである。ハッカー国民は、マクロに潜むハイリスク＆ハイリターンを十二分に理解しなければならない。

第1項

探せ・書くな。

これから書こうとするルーチンが標準ライブラリーや既存のユーティリティーにないか確認せよ。オープンソースや有料パッケージの導入で課題が解決するなら、書くな。

第2項

有用度の高いルーチンをプロジェクト共用ユーティリティーに登録し、開発者全員で使い回すべし。DRY 原則は開発体制の支援なくして成就しない。各プロジェクトにおけるエースハッカーはリーダーを説得する義務を負う。

複数のプロジェクトを経て改良を重ねたユーティリティーを、ハッカー国全体へ還元することを我々国民は望む。

【第2条】関数

Simplicity is beautiful. Small, too.

一つの関数には一つのことだけを短く効率的にやらせよ。

複雑なものは単純なものの組み合わせとして捉えよ。関数はプログラムの原子に等しい。シンプルなルーチン同士を掛け合わせると、最小の労力で多様かつ莫大な複利を得られる。

【第3条】マクロ

プログラミング言語の設計者が熟慮の末にマクロを見送った事例がいくつもある。マクロを導入する際には作業効率の追求のみならず、可読性・保守性・集団的生産効率とのバランスを総合的に考慮すべし。

第0項

マクロを書くな。それがパターンをカプセル化する唯一の方法ならば、マクロを書け。

【第4条】デバッグ

少なくとも関数単位で、コーディングとデバッグを微細反復せよ。まとめてコーディングしてからデバッグすると複数のバグが絡み合い、原因究明が困難になりうる。

出荷後の保守期間を鑑《かんが》み「保守性 ＞ 処理効率」を基本とする。担当者の交代が頻発しても作業効率が落ちないコーディングと体制づくりを忘るるべからず。

第0項

デバッグ中は自己のハッキング能力を信用するな。先入観と思い込みを捨てよ。

付録B

字句解説

『ハッカーと画家』に未収録の字句のみを解説する。また、本編中に詳細が記されているものについては割愛した。

.so共有ライブラリー

Linux ライブラリーには以下の 2 種類が存在する。

(0) Static libraries（拡張子：.a）
コンパイル時にリンカーが取り込むもの。

(1) Shared libraries（拡張子：.so）
実行時に動的リンク、もしくは、プログラム制御によって動的ロードするもの。
GCC のオプションに“-shared”を与えると.so 共有ライブラリーが自作できる。
Common Lisp では FFI を用いることによって .so ファイルをロードできる。その事例としてわかりやすいのは、Web サーバーを起動する際に openssl.so を取り込むことだろう。

80X86-3、pentium FDIV

80X86-3 は数値演算コプロセッサー。これをコンピューターに装着すると、全く動かなくなる不具合があった。
pentium FDIV に特定の値の除算をさせると 100%誤る。

AT&T

The American Telephone & Telegraph Company の略称。米国の情報通信・メディア企業。UNIX 開発、トランジスターの発明、分数量子ホール効果や宇宙マイクロ波背景放射

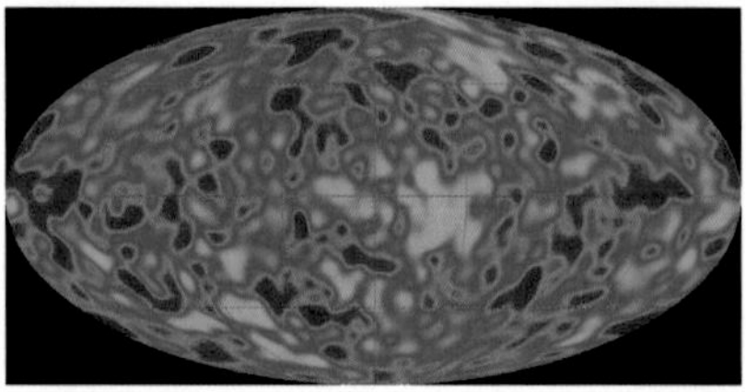

（CMB放射）の発見など、産業・科学の両面で多大な貢献を果たしている。
Unixはもちろんのこと、「神の筆跡」に先鞭《せんべん》をつけたこの集団に、ありったけの称賛を。
Newsweek誌1992年5月3日号はCMB放射の解析結果を「The Handwriting Of God」の見出しと共に報道した。
CMBについては2003年の解析結果も存在する。精度が約30倍向上したため、1992年版とかなり異なる。最新版から「筆跡」を連想するのは無理だろう。1992年という時代・技術とその成果があったからこそ、あの見出しがあった。

Biff

Heidi Stettner氏が飼っていた犬。郵便配達員を見ると吠えたことから、メール受信通知ソフトの名に冠せられたとされる。ただし、諸説あり。

Bourneシェル

UNIX草創期、ベル研メンバーStephen “srb” Bourne氏が作成したUnix系シェルのデファクトスタンダード。/bin/sh。
BourneシェルをフリーウェアWeb向けに再実装したものがBrian Fox氏作のBourne-againシェル、すなわち、/bin/bash。

Cygwin、Ming

Linux-terminal-likeなものをMS-Windows上で実現したアプリケーション。

drive by wire

コンピューター制御による自動車運転。同様の慣用句「fly by wire（コンピューター制御による飛行。そのさきがけのひとつがF-117ステルス攻撃機）」も定着して久しい。業務用調理器具のハイテク化が著しい昨今、「cook by wire」が辞書に載る日も近い？

GCC、DCC

GCCはGNU C Compilerの略称。

BCCはBorland社製の無料Cコンパイラー。かつてはTurbo Cとして市販されていた。

GPL

GNU General Public Licenseの略。GNUプロジェクトのためにrmsによって作成されたフリーソフトウェアライセンス。
GNUについては説明するのが面倒なので、Wikipediaを参照していただきたい。

HAL、モノリス、スターチャイルド

HALは映画『2001年宇宙の旅』に登場する人工知能搭載コンピューターHAL 9000のニックネーム。「HAL」は同作品のスポンサー「IBM」のそれぞれのアルファベットを一字ずつズラしたものとも。
モノリスは同作品に登場するアイコンのひとつ。人類に劇的な進化をもたらす謎の物体。
スターチャイルドも同作品に登場するアイコンのひとつ。真なる宇宙時代の扉を開く新人類。

Haskell, Basic, NB

Haskellは、策定委員会によって設計された純粋関数型プログラミング言語。
Basicは、John G. Kemeny、Thomas E. Kurtz両氏が設計したプログラミング言語。標準ライブラリーに乏しく、抽象化機能も低い。
NBはNew Bの略。kenが設計したB言語を基に、1972年ごろNBへと進化した。

IDE（Integrated Development Environment）

プロジェクト初期構築、プログラミング、ビルドといった一連の流れを包括的に実行するためのアプリケーション。

MULTICS（MULTiplexed Information and Computing System）

1960年代中ごろにMITやAT&Tなどが共同開発したコンピューター環境。高度な機能を付与したせいで巨大かつ低速動作という結果に終わり、「Many Unnecessary Large Tables In Core Simultaneously（無駄で巨大なテーブルがコア内に同居する）」と揶揄された。
同プロジェクトに懲りてkenたちが開発したものこそUNIXであり、冗談めかした当初の呼称は「UNICS（UNiplexed Information and Computing System）」だった。

NKEYS( )

配列の要素数を求めるCマクロ。『K&R』項番6.3より抜粋。「`sizeof()`」のように言語組み込みにしてほしい。

The Onion

ジョーク報道専門紙。発行部数は7桁を誇り、TVニュース局も運営している。彼等がどれほどふざけているのかに興味のある方は『底抜け合衆国』（町山智浩著）2002年ぶんをご照覧いただきたい。

Skynet

映画『ターミネーター』シリーズに登場する架空の米国防衛システム。自我に目覚めたSkynetを恐れる人間が、電力供給を遮断しようと試みたところから両者の対立が始まる。

techy

技術マニア、特にコンピューター愛好家を指す。nerdsの部分集合。

イテレーション

任意の開発サイクル。「コーディング〜テスト」とは限らない。
余談ながら、「`for(i = 0; i < n; i++)` 」の「`i`」はイテレーターという。連想記憶として一緒に覚えるべし。

エコノミー症候群

椅子に長時間座り続けると脚が鬱血《うっけつ》し、最悪の場合、後遺症が続く。飛行機のエコノミークラスの乗客に多く見られることからその名が付いた。これを回避するためには、定期的な屈伸が効果的とされる。
運動と脳の関係については、ある程度研究が進んでいる。世間では「ボケは脚から」とも。歩くと全身の血流が良くなり、脳の働きも活発になるのかもしれない。「アイディアに詰まったとき、散歩をするとひらめく」もあながち迷信ではなさそう。

お約束

「そうなったら、必ず、あれをする」という約束事・パターン。上方お笑いのお約束といえば「ボケたら、必ず、全員でずっこける」がテッパン。「例のアレね」で話しが通じるのは、なんと嬉しいことか。

奇跡

「私は人生で二度しか奇跡を〜（P.36 参照）」は第三者による創作との説がある。筆者にしてみれば真相なぞ、どうでもいい。アインシュタイン本人にせよ、銀行が唱えたキャッチコピーにせよ、そのような文言を考案した人物は天晴れ。プリンストンのコンテストしかり、邪悪な C コードコンテストしかり、創意工夫をこらして人々を楽しませるものを筆者は歓迎する。

競泳用高速水着、QMONOS

高速水着開発の発端は「水中を高速に移動する動物といえば？」だったらしい。その結果、イルカの肌を模することになったという。

QMONOS は Spiber 社が開発した世界初の合成クモ糸繊維《せんい》。鋼鉄の 4 倍の強度と、ポリアミド系合成繊維を超える伸縮性を兼ね備えるとされる。

グル（導師）

『リファクタリング・ウェットウェア』項番 1.2 においては、ドレイファスモデル 5 段階の頂点に位置するのが達人であるとしている。曰く「直感的にふるまい、いかにして結論に達したのか、曰く言い難い」存在。

しかし筆者は、グルこそがヒエラルキーの頂点に君臨すると考えている。

古くは魏王・曹操孟徳、北辰一刀流の創始者・千葉周作。トータルフットボールの具現者ヨハン・クライフ、4 シーズンで 14 のタイトルを FC バルセロナにもたらしたジョゼップ・グアルディオラ。戦後初の三冠王にして 3 度の日本一監督となった野村克也、3 度の三冠王に輝いた落合博満。七代目 立川談志。

グルたちは実践者として偉大な足跡を残しただけでなく、指導者としても優秀な後進を数多く導いた。彼等の著書や教えをひもとくと、非常に合理的、かつ、「なぜ」を探究し、明快な言葉で説明しようと試みているのが見てとれる。

直感や直観と呼ばれるものは実際のところ、大量の経験値や知識を統合して最良解を導き出す無意識的プロセスであると筆者は考える。そして、グルが真に偉大である理由は、自らの考えをわかりやすく筋道立てて的確に伝える言語能力を有するからだ。

決裁書類の保存期間

安倍内閣における「桜を見る会」参加者名簿の保存期間が 1 年未満なのに対し、盆栽・鯉に関する決裁書類は 3 年とのこと。税金を用いて開催する集会を私物化し、後援者を多数招いた後ろめたさがあったに違いない。ちなみに、1957 年の参加者名簿は国立公文書館で永久保存されている（当時の主催者は安倍晋三の祖父）。

シグマ計画

インテル社がムーアの法則を掲げてCPU開発に邁進していたさなか、通商産業省（現・経済産業省）が「コンピューターはこれ以上進歩しない」を合言葉に主導したシグマOS開発プロジェクト。5年の歳月と250億円の浪費に終わる。日経コンピュータ誌1990年2月12日号の電子化販売が待たれる。

シャイニング

原作スティーブン・キング、監督スタンリー・キューブリック、主演ジャック・ニコルソン。「原作つき映像作品にして気鋭クリエイターたちによる協調の結晶」として特筆させていただいた。

『2001年〜』『時計じかけのオレンジ』『Dr. Strange Love〜』のメガホンもとったキューブリックが、いかに才能豊かな表現者だとしても、観客のド胆を抜く傑作は一人では作れない。

手塚治虫とスターシステム、ブラック・ジャック

彼の作品ではヒゲおやじ、ロック、スカンクなどのキャラクターが、手を変え、品を変え、名を変えて多くの作品に何度も登場する。その手法を、ハリウッドスターが多くの映画に登場する状況になぞらえてスターシステムと呼んだ。

ブラック・ジャックは同名作品に登場する外科医。

立川談志曰く「天才とはレオナルド・ダ・ビンチと手塚治虫のこと」。

ドラッカー

本名はPeter F. Drucker。マネージメントの泰斗《たいと》。真のハッカーには無縁の人。

日本国債、ギリシャ国債

2020年度末の予想として、国債残高は約932兆円、政府短期証券も含めた日本政府の債務残高は約1216兆円。国債の利子は毎秒、約143万円である。日本の債務残高のGDP比率264%は先進国中の1位であり、2位のギリシャ（深刻な財政危機を抱えている）205%を大きく引き離している。

2020年度予算における日本国の歳出は106兆円。税収は57兆円であり、不足ぶんの49兆円が国債で賄われた。国債費は23兆円なので、純税収から差し引いた34兆円だけでやりくりしない限り、日本国の借金が減ることはない。

年収400万円の家庭が、サラ金からすでに8533万円を借りているにもかかわらず、毎年343万円つまむ状況を頭に描いてほしい。逆ピラミッド型の人口分布が進行する国家で

は社会保障費の倍増こそあれ、税収が倍増することは、絶対に、ない。政治屋・官僚は、やや桁が多いだけの足し算・引き算すらできなければ、スプレッドシートの使い方も知らないらしい。さもなくば、ハナっから踏み倒す気でいるに違いない。

国債や公的資金によって濡れ手で粟な奴等といえば……

ネスト

プログラミング言語における入れ子構造。Python におけるネストは、行頭に配置されたスペースの数で決する。そのため、同じ深さのもの同士なら、行頭のスペースをきっちり揃える必要がある。

化ける

あるときを境に能力が一気に開花したり、別の可能性に通ずること。

昭和の爆笑王・初代 林家三平。真打昇格当初、彼は全然おもしろくなかったらしい。ところが、「どうもすみません」を口癖にしたころから突如としてウケ始めたという。大化けした噺家の典型として語り草になっている。果たして二代目は。

ハンガリアン記法

ハンガリー出身のハッカー Charles Simonyi 氏が考案した、関数や変数に対する命名規則。「何を」「どうする」というふうに、対象物を前込めにして名前をつける（例：“`dlgFileOpen`”）。

ピザ系

ふとっちょのこと。『俺はブラック企業に勤めているんだが、もう俺は限界かもしれない』（黒井勇人著）に登場するリーダー。スパゲティといい、ソフトウェア関係者はイタリアに恨みでもあるの？

ビットフィールド

通常であればデータを 1/2/4/8 バイト単位で扱うところをビット単位で操作する機能。半導体チップのレジスター制御に適しており、デバイスドライバー開発に適用すると業務の効率化が図れる。

フィールドの並び順は CPU のエンディアンに依存するため、ハッキング対象装置の仕様確認が必須である。

ファジー機能

「だいたいこんなところ」という曖昧な着地点を目指す機能。1990年代はじめの家電製品がこぞって採用した。

フォース、スペース・オペラ

フォースは、映画『スター・ウォーズ』シリーズにおいてジェダイの騎士たちが操る異能力。非Lisp教徒の人々は、Lisp系言語の作業効率をして神秘の力と捉えるらしい。それら諸々について『7つの言語7つの世界』第7章が、Clojureをこの「現代の神話」に喩えて解説している。
「スペース・オペラ」という単語は『STAR WARS TRILOGY BOX』に同梱されるジョージ・ルーカスのインタビュー録から拝借した。彼はEpisode IVの脚本を執筆する以前より「スペース・オペラのような壮大なサーガを撮ってみたかった」と語っている。

ルーカス作品とキューブリック作品。一番の違いはジョン・ウィリアムズの存在ではなかろうか。リヒャルト・シュトラウスがオペラと映画音楽を橋渡したように、ウィリアムズは古典と未来を融合して「スペース・オペラ」というルーカスのイメージをものの見事に表現した。『時計じかけ〜』の選曲と編曲もおもしろいけれど先達の焼き直しであることは否めないし、『スター・トレック』はいかにも現代的だ。対してベイダーのテーマは、金管による圧力の表現、帝国軍の歩調を思わせるオーケストレーションなど、圧巻の一言に尽きる。
想像を映像に。『2001年〜』しかり『T2』しかり、これほど見事な脚本をAIが書く日は本当に来るのだろうか。
「soap opera（チャチいメロドラマ）」はロングマン英英辞典に収録されているが、「space opera」はない。

副作用、破壊的

副作用は、演算結果を変数に格納する操作。
Lispの通常操作は明示的な副作用がなければ演算結果を捨てるが、破壊的操作は副作用を伴うためにオペランドが異化してしまう。オペランドの変容は直交性を低下させるため、並列処理において特に危険視される。
「`a = 0`」を前提として下記3操作を比較してほしい。

a) 破壊的操作　：`(incf a 2)  =>  a = 2`
b) 通常操作　　：`(+ a 2)  =>  a = 0`
c) 副作用を明示：`(setf a (+ a 2))  => a = 2`

藤原さん

本名は藤原博文。著書に『C プログラミング診断室』『C プログラミング専門課程』『㋙の業界のオキテ!!』がある。「データのみを記載した.c データベースファイル」の有用性を説いたのもこの御仁。

ぷろぐらまぁ

カネ稼ぎのために毎晩遅くまでジャンクプログラムを大量生産する人々。髪のとんがった上司予備軍。

モノポリー

Lizzie Magie に起源をもつボードゲーム。古典アナログゲームの傑作とされる。数学的見地から解析した論文もある、知る人ぞ知る確率論の教材。これを用いた授業なら筆者も受けたい。

ニックネーム

Unix の世界では人名を示すにあたり、英小文字 3 つで記したニックネームを用いる慣習がある。本書に登場する人物たちを紹介しよう。

dmr（Dennis M. Ritchie）

UNIX 開発における中心人物のひとり。『K&R』の共同執筆でもおなじみ。

ken（Ken Thompson）

UNIX 開発の発案者であり、同プロジェクトにおける中心人物のひとり。

rms（Richard M. Stallman）

Emacs、GCC、GDB 開発者。GNU および Free Software Foundation の主導者。
Knuth 先生曰く「Emacs の利用者は、MS-Word の利用者よりずっと多くの自由意志をもっている」。本稿は 100% Pure Word である。筆者の自由意志は皆無なようだ。

wnj（Bill Joy）

BSD-Unix 開発のエースハッカー。Sun Microsystem 社の共同設立者。

Credits

Lot#00, “Alexander von Salzmann: Holzpuppen (Matrjoschka), c. 1904. Ausführung unter Leitung von Frau Beckerath, München“ :: Author : Alexander von Salzmann (1904 年ごろ)　Public Domain

Lot#01-a, “Descrizione: Sezione Aurea Fibonacci” :: Author : Bartolini Valerio (2009)　Licensed under the Creative Commons Attribution-Share Alike 3.0 Unported license.

Lot#01-b, “Nautilus Cutaway Logarithmic Spiral” : Photo taken by Chris 73 (2004)　Licensed under the Creative Commons Attribution-Share Alike 3.0 Unported license.

Lot#02, “Larry Wall on YAPC::NA pre-conference party, June 2007, Houston. Crop of original photo“ :: Author : Randal Schwartz (2007)　Licensed under the Creative Commons Attribution-Share Alike 2.0 Generic license.

Lot#03, “近所の神社” :: Author : hep (2021)

Lot#04, “The famous red eye of HAL 9000“ :: Author : Cryteria (2010)　Licensed under the Creative Commons Attribution 3.0 Unported license.

Lot#05, “A German Monopoly board in the middle of a game“ :: Author : Horst Frank (2003) Licensed under the Creative Commons Attribution-Share Alike 3.0 Unported license.

Lot#06-a, “Sacsahuamán (Sacsayhuamán), Cusco, Peru“ :: Author : Håkan Svensson (2019) Licensed under the Creative Commons Attribution-Share Alike 3.0 Unported license.

Lot#06-b, “指月山にある萩城詰丸跡（山口県萩市）” :: Author : TT mk2 (2012)　Licensed under the Creative Commons Attribution-Share Alike 3.0 Unported license.

Lot#06-c, “Imperial Palace Tokyo Kikyomon gate” :: Author : Chris 73 (2006)　Licensed under the Creative Commons Attribution-Share Alike 3.0 Unported license.

Lot#07-a, “Salome with the Head of John the baptist” :: Caravaggio (1607) :: A collection of The National Gallerry(UK).　Public Domain

Lot#07-b, “Paul Graham” :: Crédit photo : Sarah Harlin (2007)　Public Domain

Lot#08, “おしゃれバッジ 0” :: Drawn by hep referencing to “Life with UNIX Japanese Edition” Section 5.1.

Lot#09, “Prague” :: Author : Lukáš Hron (2007)　Licensed under the Creative Commons Attribution-Share Alike 4.0 International, 3.0 Unported, 2.5 Generic, 2.0 Generic and 1.0 Generic license.

Lot#10, “Dennis Ritchie”　Public Domain

Lot#11, ”Rondanini Pietà” :: Photo by Paolo da Reggio (2005)　Michelangelo (1565) :: A collection of Castello Sforzesco.　Licensed under the Creative Commons Attribution-Share Alike 3.0 Unported license.

Lot#12, “GNOME Mahjongg” :: ©The GNOME Project

Lot#13, “Dennis Ritchie”　Public Domain

Lot#14, ”The mounts of the hand used in palm reading” :: Author : Sara Sirolli (2008)　Public Domain

Lot#15, 裏表紙, ”Errare humanum est” :: Author : ja:User:ゐ (2005)　Licensed under the Creative Commons Attribution-Share Alike 3.0 Unported license.

Lot#16, “Bloomberg six-screen setup @ Bloomberg West, San Francisco. 2012 Bloomberg Terminal photo by jm3. Creative Commons licensed, Attribution, ShareAlike. For use on Bloomberg

Terminal article. “Author : Jm3 (2012) Licensed under the Creative Commons Attribution-Share Alike 3.0 Unported license.

Lot#17-a, “On the way back from a weekend of river rafting in Rhishikesh we stopped in Haridwar, because the Aarti ceremony was soon about to start. It was an amazing experience with this huge number of people and all the lights. Some of my Indian colleagues took a dip in the water. Few of them even did the 100 dips. The picture was taken with a Canon Ixus and just placing it on the edge of a bridge, so unfortunately it is not totally sharp. See where this picture was taken. “Author : Dirk Hartung (2004) Licensed under the Creative Commons Attribution-Share Alike 2.0 Generic license.

Lot#17-b, ”Intel Pentium Processer 75 MHz” :: Author : Futase_tdkr (2007) Public Domain

Lot#17-c, “グリコのおまけ” :: Author : hep (2021)

Lot#17-d, “2£” :: Author : hep (2021)

Lot#18-a, “Автомобиль-мотоколяска“ :: Author : Дмитрий Панкратов (2009) Licensed under the Creative Commons Attribution-Share Alike 3.0 Unported license.

Lot#18-b, “A 1955 Citroen 2CV“ :: Author : PLawrence99cx (2005) Public Domain

Lot#19-a, “Façade sud de la Cathédrale de Cologne“ :: Author : Velvet (2014) Licensed under the Creative Commons Attribution-Share Alike 4.0 International license.

Lot19-b, “Richter-Fenster am Kölner Dom (Detail, Blick von außen)“ :: Author : Geolina163 (2014) Licensed under the Creative Commons Attribution-Share Alike 3.0 Unported license.

Lot#20, “おしゃれバッジ 1” :: Drawn by hep referencing to “Life with UNIX Japanese Edition” Section 5.1.

Fig. 6.2.0, ©2021 W3Techs

Fig. 6.2.1, 2021 humble software development

コラム『直交性』, ”Campus Drive at Mowatt Lane / Valley Drive viewed from the Arts & Sociology Building, University of Maryland, College Park, Maryland” :: Author : Andrew Bossi (2008) Licensed under the Creative Commons Attribution-Share Alike 2.5 Generic license.

コラム『手と脳』, “Gewidmet allen Freunden von Niedersachsen, des Wattenmeeres, der Nordsee und der unendlichen Weite“ :: Author : Ralf Dumont (2017) Licensed under the Creative Commons Attribution-Share Alike 4.0 International license.

コラム『早めがいい』, ©2021 Google Maps

コラム『テツな人』, “JR Kyoto station platform” :: Author : DVMG (2010) Licensed under the Creative Commons Attribution-Share Alike 3.0 Unported license.

字句解説『AT&T』, “COBE cmb fluctuations” :: Author : The NASA Goddard Space Flight Center (1990 - 1992) Coutesy NASA/JPL-Caltech

And special thanks to ....tachikawa-bungakusho zikko-iinkai for $\sqrt{1}$. 『$\sqrt{1}$』の出版権は立川文学賞実行委員会が保有しています。本書においては委員会の許諾を得た上で小説を掲載しました。

あとがき

「読書＝娯楽」。筆者は移動の時間の98%くらいを読書で過ごす活字中毒なのだが、翻訳ものに手を出すことはあまりない。その理由は、日本語訳に馴染めないから。日本人の専業作家が母国語で綴った文芸書ですら感心するものが少ないのに、翻訳ものとなればなおのこと。筆者の脳ミソの配線が外国人のものと違っているのかもしれないけれど、物語そのものにピンとこないことも多々ある。

ひるがえってコンピューター書籍を見渡すと、『ハッカーと画家』を読む以前より感心した翻訳ものがあった。「はじめに」の表A、Bで挙げた本のいくつかが、まさにそうだ。細かい部分はさておき全体として、海外の文芸作品を読むときに覚える違和感がないのが素晴らしい。筆者が想像するに、グルたちの著した文章はソースコードのようにシンプルであるため、訳しやすいのではないか。翻訳者もまた難解な言葉を避け、わかりやすい日本語を心がけたからこそなのでは。洋の東西を問わず、文系諸氏は文章を起こすにあたり、簡潔明晰にさほど頓着していないのではあるまいか。

筆者は、本書を小説のように読んでほしくて、TEXではなくMS-Wordを用いて起稿した。脚注に本音を吐露したり参照情報を添えるのではなく、真っ向勝負で読者諸氏を紙の世界へ引っぱり込みたいと思った。これはいわば、理系・文系双方に対する挑戦である。このような本に違和感を覚える方もおられるだろう。半ばまで読んで、呆れてポイもされかねない。それでも、みなさんの読後感が「これって理工書としてアリ？　でも、ま、おもしろかったからいいか」だったとしたら、私はとても嬉しい。

筆者は、おもしろいコンピューター書籍をもっと読みたい。ハッキングのエキスパートならではのものの考え方、言語や解法に関する考察、新たに生み出したテクニックや理論を拝読したい。なので、読者諸氏が「この程度の本なら自分も書ける」と思われ挑戦されたなら、私はもっと嬉しい。筆者ごときが文芸について蘊蓄《うんちく》を語るのは僭越《せんえつ》なれど、文章の書き方について本書から何かしらのヒントを得ていただけたなら、幸いである。

最後に感謝の言葉を。

下読みと助言を快く引き受けてくださった川合史朗さん、ありがとうございました。

いつも英知と刺激を授けてくださる中山泰一先生、および、研究室のみなさん、ありがとうございました。

2021年10月

斎藤 準

第六回立川文学賞 佳作作品

$\sqrt{1}$

斎藤　準

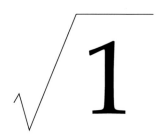

人はなぜ鍵を破るのか。そこに扉があるから。開いた瞬間の興奮を味わうため。パズルや機械いじりと同じ衝動。泥棒の目的は中に眠る宝物だ。しかし、映画や漫画に登場する泥棒は、警備する者との知恵比べも楽しんでいるように見える。ある高名な物理学者はユーモア溢れる人柄と数々の奇行で知られ、特にクラッキング[*1]癖が有名だった。彼はエッセイの中で、夜な夜な書庫に出没しては機密書類の詰まった金庫の前に陣取り、微かな音を頼りに解錠するのを楽しみにしていた、と述べている。

人は、複雑で巧妙な仕組みを解き明かす好奇心を持つ。その対象が自然界であれば物理学や数学と呼び、機械ならば工学、そして、錠前破りに至るとクラッキングとなる。ただし、コンピューター・ネットワークが広く浸透した現在では、錠前破りはハッキング[*2]の名で定着しているのが実状である。

ハック、あるいはハッカーという言葉は世界中で誤解されている。大多数の人はハッカーを、他人のコンピューターに侵入してはデータを盗み、破壊する輩として認識していることだろう。しかし本来ハッカーとは、創造的、革新的プログラムを生み出す人への尊称なのだ。また、コンピューターの性能を最大限まで引き出せる人物もハッカーに該当し、彼等は高度な数学と物理の知識、そして、最良解を迅速に手繰り寄せる経験とひらめきを会得している。一方、現代のクラッカーはセキュリティーに関する膨大な知識を蓄え、数学的手法やさまざまな解析テクニックを駆使して鍵を破る方法を日夜、模索している。コンピューターのセキュリティーが進歩すると、不正手段による解法は指数関数的な計算量が必要となり、クラッキングは人間の手に負えなくなる。そこでクラッカー達は、演算手順をコンピューターに教え込み、計算を代行させるのである。

コンピューターに没頭する共通した様子だけで言葉の交錯を招いている現状は、双方にとって不本意なことだろう。ともあれ、ハッカーにせよ、クラッカーにせよ、自身の知識と経験をコンピューターに据えつけて、意のままに操るエキスパートであることには相違なく、最終目的が異なるだけの表裏一体の存在といえる。

件《くだん》の物理学者は、ものごとの真理を突き止める探究心があまりにも旺盛で、そのひと雫《しずく》が錠前へと溢れ落ちただけだった。彼にとっての最高の喜びは、探究という行為そのもの、発見の興奮、そして、自らの発見が他人に活用されることだと明言している。石器を作ることで猿と決別した人類は、破壊よりも創造に喜びを見出すほうが、より自然な姿なのではないか。

世界最速のコンピューターは、全人類を総動員して五十日

以上かかる計算を一秒で成し遂げる、この世に実在する怪物だ。ハッカーやクラッカーの手によるプログラムが複製され、コンピューターに据えられると怪物達に魂が宿る。彼等は休養を訴えることもなければ、愚痴の一つさえこぼすことなく、主の言葉に忠実に従い、黙々と正確に務めを果たす。その様子は、無数の天使を遣わす神の小さき分身と、無数の悪魔を遣わすサタンの小さき分身を連想させる。ならば、神の子たる平凡なプログラマーは、コンピューターに使われる羊か犬か？

　彼は、自分がかわいげのない子供だと知っていた。小学校に上がる準備をしているさなかから、ランドセルに被せられる「安全歩行」と書かれた黄色いカバーを見るたびに、水野は名状し難い不快感に襲われた。上級生に手を引かれて登下校する際にかけられる「左右、気をつけて横断しようね」「小さくてかわいい」といった言葉を自分に対する侮辱だと受け取った。実際のところ、彼にかけられたと思っていたそれらの言葉は他の子に向けられていたのだが。生来彼は感情がはっきりと顔に表れる質で、お子様扱いされると、たちまちしかめっ面になったのである。どんなによくできた小学六年生でも、不機嫌な顔で自分を睨みつける子をかわいいとは思わない。水野が新入生を引率する立場になり、自身と似た子に接して、そう悟った。

　左といえば右。姉の下手なピアノに苛立ったかと思えば、母親が作る食事に悪態をつく。毎晩遅くに帰宅する父親が時折見せる作り笑いに、そっぽを向く。それが家における水野の基本動作だったので、彼は家族から鼻つまみにされた。反りの合わない姉との絶え間ない諍《いさか》いに嫌気がさし、水野は夕食まで自宅に寄りつくことのない日々を過ごしていた。

　そんな折、彼はデパートの玩具売り場でコンピューターゲームの存在を知った。意のままにキャラクターを操作する快感は、テレビや漫画のような受動媒体がもたらすものとは異なる新鮮な刺激だった。際限なく収集できるアイテム類、シナリオに隠された意図を暴く楽しさなど、人間の欲望をくすぐる要素も備えていた。コンピューターゲームは暴力を肯定し、自制心を摘む、という意見もある。種類によっては、そのような要素を内包していることも否めない。しかし、子供同士の会話に話題を提供し、姉弟間の緩衝材となりうる側面があるのも、また事実である。子供を楽しませようと多岐にわたって意匠を凝らされた電脳装置は、健全な人間の神経を麻痺させる毒とも、人間関係を好転させる薬ともなりうる。便利なものをどう捉え、どう活かすのか。それもまた一つの経験となろう。父親がゲーム機を携えて帰宅した日、水野は家族と住み分ける術をようやく手にした。瑣末なことで姉と喧嘩をするこ

とがなくなり、友達を招き招かれることも覚え、諸事が丸く収まった。

　時間を持て余していた小学校時代と家庭用コンピューターゲームの黎明期《れいめいき》が重なったことは、水野にとって幸運だった。初期コンピューターの低い性能は開発者達に厳しい制約を課し、彼等は涙ぐましい工夫で壁を乗り越えた。その手法はさまざまなゲームのさまざまな場面に表れ、新しいゲームで遊ぶたびに水野は何かを発見できた。その黎明期、ゲームは毎月、何本も発売されていた。しかし、その多くは単純だったため、おもしろいゲームを構成するパターンとそうでないものの違いを、小学生でも認識・分類することができたのだ。パターン認識と分類は理系分野における重要な素養である。無意識のうちにその鍛錬を行っていたのだと気づいたのは、後日、彼がプログラマーになってからのことだった。また、人間の成長期に、熱中し、気づき、考える対象を持てたことの意義を悟ったのは、さらにあとだった。

　水野がゲームに熱中する日々は中学で終わった。パターン認識の次に到来するのは倦怠である。画面は派手に、操作は複雑に、あるいは、互いに模倣し合ったりと、ゲームの表面に差異は生じた。しかし、結局のところゲームはどれも、パズルと反射と反復という全く同じスポンジに、画面構成とルールと難易度で多少異なるデコレーションを施された、似たようなケーキなのだ。そんなケーキをあれこれつまみ食いして食傷気味になった水野は高校受験を機に、ほとんどゲームをしなくなった。

　高校時代の水野はフットボールに打ち込んだ。ボールをぴたりとトラップし、正確に蹴り、脚のさまざまな部位を駆使して守備を抜き去るトリックや駆け引きが上達するたびに、もっと上手くなりたいという気持ちが強くなった。コンピューターゲーム内の仮想現実ではなく、実際に自分の肉体でプレーを表現することが楽しかった。彼がその競技に熱中したもう一つの理由は、ひとつとして似た内容の試合が存在しない点にあった。パス交換の基本形やカウンターの型、スペースの活用法といった類の定石は確かに存在する。ところが、脚を主として試合が進行する本質上、ミスや偶発的要素が多いため、試合展開のパターンは無限なのだ。選手各々が試合の流れを読み、いくつかの選択肢の中から最善のプレーを瞬時に選択して走り続けるのは、多くのスポーツに共通することだ。しかし、二足歩行へと進化した人類が、あえて手を封じて競い、結果を偶然に託す様子は、自然の摂理に反する哲学的な集団行動ともいえる。

　ボールを追いかけて奪い、ヘディングで競り、ドリブル、パ

スを繋いでゴールを決めた。息が上がり、へとへとになるまで水野は走り続けた。激しい空腹と、夕飯を掻《か》き込む快感も知った。汗と埃《ほこり》を洗い流し、蒲団に寝転んだときの安息感は格別だった。それは、コンピューターゲームから得ていた充足感よりも確実に、日々の痕跡を彼の体に残していった。

二年生の春、水野に恋人ができた。碧《みどり》と親しくなったきっかけは「フットボール」という言葉だった。クラス替えをしたばかりで、まだ、よそよそしい空気が漂っていた昼休み、牛乳を飲みながら読んでいたサッカー誌に気づいた碧は「水野くんてフットボール部だったんだ」と声をかけた。

「俺、サッカー部なんだけど」

「英語ではフットボールが普通よ」

「うち、アメフト部もあるだろ」

「米語圏だけよ、本当のフットボールをサッカーと呼んで、アメフトをフットボールって呼ぶの」

「日本じゃ混乱するだけだぜ」

「それもそうね」と碧も笑った。

それを機に少しずつ会話をするようになり、五月連休を前に二人は付き合い始めた。

弓道部に所属していた碧はクラスで特に目立つこともなく、もの静かで、大抵、二、三人の子と小声で話をしていた。しかし、授業中は別人だった。常に集中し、ときに鋭い質問を教師に浴びせる様子が、夫の三歩後ろに従い薙刀《なぎなた》を構える武家の妻を思わせた。

水野は一度だけ、部活の休憩の合間に弓道場を覗いたことがあった。校舎裏を訪ねると、彼女の本当の姿がそこにあった。矢を番《つが》え、ゆっくりと弦を引き絞り、狙いを定め放つ一連の動作は、いかにも彼女に似つかわしい静謐《せいひつ》な所作で、ほんのわずかな波さえ立つことのない水面のように澄んだ集中力に満ちていた。梅雨を控え、熱を帯びつつある空気の中、力まず緩まず眉をひそめることもなく、無心に的を見詰める涼しげな表情と、折り目正しく道着に身を包んだ凛《りん》とした立ち姿がそこにあった。

水野は練習を終えると急いで着替え、自転車置き場の陰から碧を待ち、現れたところに声をかけて、ファストフード店でも行かないかと持ちかけた。彼女とハンバーガーは似つかわしくない、という思いも頭をよぎったが、碧は「いいわよ」と即答した。夕日と街灯が落とす影法師を抜いては追われた。行き過ぎる家々から漂う夕餉《ゆうげ》のにおいを吸い込むと、長い影を引く幼い水野の姿が蘇り、自転車から伸びる影と重なった。いつの時代でも変わらないものが身近に存在する安心感が、夕暮れに染まる街並みをいっそう感傷的なものにした。

宵の口の商店街は、中高生や陽が落ちてようやく元気の湧

く人、明け方へと続く仕事に赴く人達で賑《にぎ》わっていた。目抜き通りから少し外れた店を選んだものの店内は騒がしく、隣の席が近いことも気になった。しかし碧は特に嫌がる様子を見せなかった。

「友部さん、こういうところ来る？」

「めったにないな。別に、嫌いというのではないけど、特に食べたいとも思わない。それに、お小遣いも少ないしね」

「ここに来る途中、カレーかシチューのにおいがしなかった？」

「した。路地裏でかぐローリエの香りって独特よね」

「途中、腹減ってしょうがなかったよ。このあたりにも洋食屋があったらな」

「そうね。都内のお店を探して、いつか行きましょ。でも、あと十年もしたら、私もああして家族の帰りを待ってるんだろうな」

初めて見せる和やかな笑顔と、練習での涼やかな表情を思い比べ、水野は新鮮な心持ちで碧を見詰めた。しかし、彼女のように十年後の自分の姿を思い描くことはできなかった。

「さっき、友部さんが練習してるところ見たよ」

「やだ、全然、気づかなかった」

「やっぱそうだよな。的しか見てない感じ、したもんな」

「集中力勝負だからね。でも、水野くんに見られてたなんて恥ずかしいわね」

はにかむ彼女に水野は、自分が感じたこと、しばし見とれていたことを伝えた。碧は耳まで染まり「恥ずかしいからあまり見ないで」と言って、ウーロン茶を口にした。

二人は週末ごとにデートを重ね、小遣いが貯まると遠出をした。どちらかの家が留守のときは寝て、ときには喧嘩し、ときには少し冷めつつも、多くの時間を共に過ごした。とりわけ碧が好んだ話題は本に関するものだった。彼女は言葉に対する愛着と、文章に込められた機微を捉える才能、そして、自分の気持ちを率直に表現する術を持っていた。

本に疎《うと》い水野にとって碧の言葉は難しく、盛夏を迎えてもなお、咀嚼《そしゃく》しきれないもどかしさを彼に残した。そのことを正直に打ち明けると、あなたは経験が足りないだけで見どころはある、と碧は言った。

「なんでそう思うの？」

「高宏が私の練習を見に来た日のこと、覚えてる？」

「うん」

「私の姿を水面に喩えてくれたのよ」

「そうだったね」

「ハンバーガーを食べながら言ってくれたこと、覚えてる？」

水野は当時の会話を思い出せる限り、全て再現した。弓道場

での碧の美しい所作と印象は、幼いころ毎日眺めた大好きな絵本のように、光景と言葉が一体となって彼の心に深く焼きついていた。碧は微笑みながら、ほらね、と続けた。
「私もあの日、本当に高宏を好きになったのだけど、それは、あなたの気持ちと言葉に、私の一番敏感なところを掴まれてしまったからなの。自分が感じたことを自分の言葉で表現できて、それをいつでも取り出せる人って、何か持ってると思う」
そう言って碧は、好きな本の好きな箇所を引用して思いの丈を聞かせたが、水野は彼女の言わんとしていることの半分も理解できなかった。それでも、図書館でデートをするたびに彼女の好きな本についての解説を聞き、疑問に応じてもらうにつれ、碧の言葉の真意を正確に汲めるようになっていった。そして、知識が増えるにつれ本のおもしろさがわかるようになり、水野は書店で立ち読みする機会を増やしていった。

そんなある日、「私が一番好きな本、読んでみて」と碧が手渡したのは、八編からなる短編集だった。その本は水野に、言葉で表現できるものの可能性について考えるきっかけを与えた。碧は共有した時間の中で、さまざまなことを彼に教えた。しかし、その本から得られたものは、彼にとって何より貴重な財産となった。水野がそれまでに読んだ本や国語の教科書に載せられた文章の感想は、おもしろいか、そうでないかの二択だけで、そこから感じたイメージは限りなく無味無臭、無色透明だった。ところがその短編集からは、脈打つ感情、温度、音やリズムを感じることができた。手にする人によっては、本など白い紙と黒いインクでできた単なるモノトーンの物体にすぎないだろう。しかし別の人にとっては、色彩豊かな世界への鍵とも、嗅覚や触覚をそっと撫でるイメージの源流ともなりうる。碧が最も好きだというその小さな文庫本には、そんな驚きと感動が封じ込められていた。
水野が本を閉じたときには電話の憚《はばか》られる時間になっていて、溢れる思いを伝えられないまま夜を過ごさねばならなかった。明くる朝、本を返した碧に、昼休みを図書室で過ごすことを提案すると、彼女は目を細めて「うん」と言った。午前の授業は上の空だった。ようやく訪れた二人きりの図書室、晩秋を告げる落ち葉の香りと、それらの擦れ合う音が流れる中、碧の本から受けた感銘や、特に気に入ったいくつかの箇所を事細かに話すと、彼女は「やっぱり、私の言ったとおりだったでしょう」と納得するように頷《うなず》いた。そして水野の耳許に口を寄せ「今度、お小遣い貯めて、その本と同じことをしようよ」と甘くささやいた。

後日、水野は身震いするほどの感動体験に何度か巡り会う

ことになる。感動の多くは五感を通して伝わる人の情熱や才能である。その嚆矢《こうし》となったのが本という、いわば彼自身の想像が生み出した擬似体験だったのは、いったいどういうことなのか。

　世間で日本語教育の見直しが叫ばれ、英語に携わる仕事であれ、理系の仕事であれ、結局は国語ができてナンボ、と説かれて久しい。要は、美に対する理解とイマジネーションなのだ。母国語で文章を書き、自得するだけなら簡単だろう。だがその一見、簡単そうなものの中へ美を編み込み、他人から称讃される文章を生み出すには想像以上の努力と才能が必要だ。なぜ国語の能力が良い仕事への道しるべとなるのかと問われたなら、意志さえあれば誰もが始められ、努力やコツ、あるいは、ちょっとしたきっかけ次第で誰もが伸ばせる能力であり、そこに宿る美を理解する際に培われた分析力と想像力は、あらゆる場面で活きてくるから、と答えたい。

　碧とのあいだに良い無駄と呼べるものがあったのか、水野は思い出せない。二人とも気持ちを伝え、汲むことに懸命で、おふざけや冗談で笑い合ったり、いやらしく振る舞った記憶がほとんどなかったからだ。それはそれで、初恋の綺麗な思い出として彼の心に残ったことは確かである。しかし、心に余裕を持った大人の視点で見れば無駄がなさすぎて、軽い息苦しさや遊び心の欠如を感じることだろう。人と人との関係を長く保つには、潤滑油のような無駄で軋《きし》みや埃を流してやる必要があるのだろう。

　二人の関係は大学進学を機に立ち消えた。同じ学校を受験したものの碧だけが合格して別々の道を歩むことになったのだ。碧は引き続き実家で、水野は都内のアパートで新しい生活を始めた。互いの地理的距離は電車で二時間程度だったが、生じてしまった心の距離は想像以上に遠かった。二人のあいだの空気は、会って、見詰め合い、呼吸を合わせなければ保てないものだった。服や装飾品が急変したわけではない。倦怠感やよそよそしさが漂っていたのでもない。しかし、久しぶりに会うと互いに遠慮がちになり、話し出しが重なったときの譲り合いなど、毎日、顔を合わせていた時分にはなかった微妙なずれが生じた。そのようなときに気の利いた無駄で空気を潤していたならば、違った結果を迎えたのかもしれない。

　当時の水野には、そのような心の奥行きがなかった。一度生まれた溝は電話でも、月二回のデートでも埋めることができなかった。長期休暇には一緒に旅行をした。水野の部屋で共に過ごすこともあった。それでもやはり、季節が下り影の色が薄れるように、水野の心から碧に対する執心が薄れていった。碧もまた、無駄のない恋愛に物足りなさを感じ、自らの未来を見詰め直していたのだった。

　そのころ、水野の生活の中心はバンドだった。何をするにせよ習得するまでに、ことごとく時間を要した彼が、春から齧《かじ》り始めた文学の講義よりも、音楽に傾いたのは自然な成り行きだった。楽器を鳴らせば行為の結果が音となって表れ、通して演奏すれば旋律としてのかたちだけは得られる。さらに練習を積むと、自身が楽しめる程度の音楽を紡ぎ出せる。一方の文芸は、それなりの結果を得るだけでも気が遠くなるような労力を要した。題材を探し、構成を考え、断片を編み出しては熔接し、表現を磨き、推敲に推敲を重ねてようやく、かたちとなるのだ。短編でさえ一話を仕上げるまでに数ヵ月を要するのに、長編ともなれば何年かかるか、わからない。音楽は、演奏という行為自体が楽しく、仲間とセッションする喜びもあり、他人に聴かせて反応を得る幸福がある。片や文芸は、創作という行為自体が孤独と苦悩に満ちていて、他人に読ませても辛《しん》辣《らつ》な批評で返されるのが常なのだ。文学という忍耐的学業を水野が四年間どうにか耐え抜けたのは、音楽がもたらす即物的な結果で心の平衡を保てたからだった。そして、多くの人がそうであるように、彼はどちらも大成する予感がなかった。専攻課程しかり、音楽しかり、フットボールしかり、結局はそこそこの域を出られず、平凡な自分は平凡な人生を歩むのだと彼は思っていた。

　私生活も平凡だった。同じゼミの女性と食事をして、合コンで出会った女性と付き合っては別れ、ファンですと寄ってくる女性とたまに寝た。いずれも表面的な接触にすぎず、再び誰かと豊潤な時間を分かち合うことはなかった。三年生の時分には碧を思い出すこともなかったが、一度だけ彼女を懐かしく思う出来事があった。

　それは、買い物帰りの電車の中で、音楽を聴きながら何気なくあたりを見回したときのことだった。斜向かいの女性が、かの短編集を広げているのに水野は気づいた。背筋を伸ばし、脚を組むことなく両足をしっかりと床に下ろし、両手で優しく開く姿は、その本を象徴していた。活字を追う合間に時折浮かべる微笑や、少し目を潤ませたり眉をひそめる仕種を眺めていると水野は、その女性に話しかけ、「それ、おもしろいですか」と尋ねたい衝動に駆られた。

　呼吸することを忘れたかのように微動だにしない彼女の姿勢が、それを自制させた。自分がされて嫌なことを他人にしたくなかった。それ以上に、彼女の神聖な時間を侵してはならない気がしたのだ。やがて目的地と思しき駅でその女性が慌てて降りると、図書室の片隅で碧と感想を交わした思い出が自然と流れ始めた。紙と朽ち葉の香りを吸い、秋の音と溶り合うよう、ひそやかに語り合った記憶に浸っていると、失ったもの

の大きさと、今の放埓《ほうらつ》な生活との落差に、心が引き裂かれる思いがした。
　電車を降りた足で短編集を買った。数年ぶりに読み返してみると、初見以上の感動があった。まがりなりにも創作を繰り返した成果であろう。文章の細やかな表現を読み解き、行間のささやきに耳を澄ませ、本全体としての構成の妙味を理解することができた。気になった箇所をもう一度読み返して本を置いたとき、すでに真夜中になっていた。頭は冴え、眠りに就ける気配は全くなかった。今になってようやく碧の真価を理解できた自分の腑甲斐なさを思い、水野は少し泣いた。酒が欲しかった。買い置きは、ない。街灯が連なる夜道を伝ってコンビニへ行き、ビールをダースで買って飲み明かした。それから数日のあいだ、碧を懐かしんでは酒を飲み、ページを繰《く》る無気力な時間を過ごした。自分にはどのような才能があって、何の道に進めばよいのだろうと水野は思った。

　文学部所属の水野がコンピューター・ソフトメーカーに就職すると聞いて、教官やゼミ仲間が首を傾げたのも無理はない。執筆にパソコンを使う同輩は彼以外にも数名いた。しかし、その課程へ進む者は数学を恐れる者の集まりであり、数学と物理が支配するコンピューターの世界へ飛び込もうと考える人間は皆無といってよい。水野もまた、理系科目の授業中に小説を隠し読みした一人であり、就職活動の初頭では一顧だにすることさえなかった。ことのきっかけは、大手電機メーカーに勤めていた叔父だった。
　三年生の秋に水野の祖母が他界した。葬儀の片づけが一段落して、微かに響く虫の音色に耳を澄ませながら出前の寿司を食べた、その際に同席していたのが叔父の史郎だった。母親の弟にあたる人物であり、小学校の夏休み、冬休みのたびに、水野はこの叔父の家へ泊まりに行って従兄弟と遊んだ。父親とも酒を酌み交わしたことがない水野は、もう一人の父親のような叔父とビールを注ぎ合う状況に、奇妙な感覚を味わった。
「高宏くん、いくつだっけ」
「二十一です」
「もう就職活動の時期だね。どんな仕事に就きたいんだい」
「広告代理店か出版あたりですね」
「クリエイティブな仕事だね。商社やマスコミより、そっちなのかい」
「そうですね。何かを生み出す行為が好きなんですよ、才能ないけど」水野は干《ひ》涸《から》びかけた寿司をつまんだ。
「才能か。学歴もそうだけど、社会で仕事をこなす能力と適性は、三十を過ぎてみないとわからないぞ。少なくとも俺はそう

だった。結論を出すのは、もっとあとでいいんだ」

「叔父さんはメーカーでしたよね」

「ああ、エレベーターを作ってる」

「仕事、おもしろいですか」

「管理職になる前まではな。俺は現場向きなんだ。他人のケツを叩いて仕事をさせたり、人のやりくりをしたり、上司の顔色窺ったり。クリエイティブとは程遠いな」史郎はビールを飲み、のり巻きに箸を伸ばした。

「締め切りを守るのって、やっぱり大変なんですよね」

「社会人として一番大事なことだよ。メーカーなんて聞こえはいいが、ほとんど外注頼りだし、人の出入りが激しいから人材のバラツキが大きくて、仕事を覚えさせるだけでも時間がかかる。そういう人達を束ねて成果を挙げるのは、思った以上にきついんだ」

溜め息混じりに史郎が呟くと、水野は「はあ」とだけ答えておいた。

「正社員の質も昔より確実に落ちてるしな。俺が入社したころは、雷親父みたいな先輩が、うじゃうじゃいたもんだけど、偉くなったり退職して、今や、ぬるま湯状態さ。厳しさがまるで足りないんだ」

「叔父さんは雷親父じゃないの?」

「今のフロアでは一番厳しいさ。メールひとつとっても、ひどい文章を書いた奴には注意するし、プログラムも細かく指導してる」

「叔父さん、ソフト関係だったんですか」

「まあね。偉い学者が、母国語を上手く使えない奴は、絶対に、良いプログラマーになれない、と言ってたけど、まったくそのとおりさ。本当に高度な数学と物理を要するプログラムなんて、ほんの一握りで、ほとんどは基礎と応用と大胆な発想、あとはパターンを美へ昇華させられれば、こと足りるんだ」ビールを呷《あお》りながら史郎はやんわりと語った。

叔父の言葉を正確に理解できたわけではない。高校以来、水野はコンピューターゲームに関心を寄せたことはなかった。移動中の時間は音楽か本に充てていたので、携帯電話や、そこに付随するコンテンツに興味があったのでもない。だが、プログラムという一見、冷たく無機質に思えるものの中にも、国語的要素、大胆な発想、美が存在するらしい、という点に水野は少なからず興味を引かれた。また、プログラマーにおける楽器演奏者の比率が他業種より高い、という寸話も意外だった。音楽と数学は密接な関係にあり、人類最古の音階は、三平方の定理で高名な数学者ピタゴラスによって考案された、という歴史も初耳だった。史郎は、音階と周波数の関係を語った終いに「奏者比率の件はアメリカでの場合だけどな」と付け足した。

そういえばと、叔父の家で過ごした夏休みの夕刻、史郎がレ

コードに合わせてサックスを吹いていた光景を思い出した。微かに届くひぐらしの声と、曇りなく磨かれた楽器の放つ金色の光が蘇った。満ち足りた表情を浮かべながら素早く指を動かす史郎の姿を、未来の理想像として憧れていた。そんな思いを、そのときまで久しく忘れていたのだ。水野がバンドを始めたのは、そのときの記憶が心の片隅で脈々と息づいていたからなのか。その叔父がソフトウェア業界について、大小さまざまな話題を皮肉交じりに語る様子から、彼が自身の仕事に深い愛着を持っていることが想像できた。

家路を辿りながら、進路としてのプログラマーの可能性について水野は考えた。創作でのタイピングは生活の一部である。また、パソコンをいくつかの用途にも使っていたので、基本操作程度なら問題ない。数学と物理の資質には全く自信がなく、芸術的創造力も人並みであることを勘案すれば、その道程で多大な困難に直面するであろうことは容易に想像できた。しかし、金色の楽器と叔父と夕暮れの心象画がいつまでも頭から離れず、彼は翌日から求人票や経済誌をめくり、第三の選択肢として可能性を残す方法を模索し始めた。

水野がソフトメーカーに就職したのは成り行きと運も左右した。第一希望だった広告代理店は内定を一つも取れず、一つだけ合格した出版関係は興味を失いつつあった。ソフトメーカーの筆記試験は、単純な計算問題とパズル、初歩的なアルゴ[*3]リズムに関する質問だけだった。面接試験は、正四面体の体積の求め方や、プログラミング言語に関する考察を述べるものであり、付け焼き刃の勉強と過去の知識で、どうにか合格できたのだ。そして、出版とソフトを天秤にかけ、水野はプログラマーへの道を選択したのだった。

進路が決まって間もなく、水野は史郎と共に食事をした。ソフトメーカーに就職する旨を叔父に伝えると、就職祝いに旨いものでも食おうと誘われたのだ。当日訪れたのは、都内ホテルの最上階にある料亭で、仲居に続いて通されたのは、政治屋連中が談合時に利用しそうな床の間付きの個室だった。「こういう店は接待で来るんですか」と冗談半分で尋ねると、史郎は「そんなわけないだろう。部長以上ならあるかもしれないけどな」と笑った。記念日や歌舞伎を観た帰りなど、年に一、二度、叔母と寄るのだという。

酒が運ばれ乾杯すると水野は、就職に至る経緯、葬儀の晩まで忘れていた夏の夕暮れの記憶とバンドのこと、そして、碧と短編集と電車の女性にまつわる一連のエピソードを延々と喋り続けた。その間、史郎は猪口《ちょこ》を傾けながら頷いたり、笑ったり、真剣な表情を浮かべて話に聞き入った。就職試験の内容を尋ねられると、話していいものなんですかねと前置きを述べつつも、水野はつぶさに答えた。一通り聞き終えると史郎は「高宏くんは案外この仕事に向いてるんじゃないかな」と、ぼ

そり漏らした。なんでですかと水野は尋ねた。
「それだよ、『なぜ？』。高宏くんは無意識のうちに訊いたのかもしれないけど、なぜ、と訊く奴自体あまりいないんだ。俺の部下だけかもしれないけどね。疑問を持ち、それを知りたいと思うことが俺達を動かす原動力のはずなのにな」
「……」
「それに、正四面体の回答も言語の考察も良いよ。俺んとこに来てほしいよ。碧さんのエピソードにしても、電車の子のくだりにしても、高宏くんは良いものを持ってると思う。碧さんが高宏くんに惚れた理由、わかるよ」
そう言われると、水野は頭を掻いて俯《うつむ》くしかなかった。
漆塗りの膳に載って供される料理は、おひたしや湯葉、和え物といった、薄味で食べ慣れないものばかりだった。高級な店へ初めて来た水野は味を判断しかね、旨いものとはこういうものなのかと史郎に尋ねてみた。
「率直な感想はどうなんだい」
「たぶん、旨いと思います」
「俺も女房と初めてここへ来たとき、よくわからなくて、彼女も同じだったらしく、顔を見合わせて笑い合ったもんさ。最初はそれでいいんだよ。俺も方々まわって二度目に来たとき、ようやくぴんときたんだ。高宏くんも社会人になったら、とにかくいろいろやってみて、篩《ふるい》にかけ、良いと思ったものを丁寧に追究してくれよ」と史郎は言った。
そして、折に触れて自分の仕事を何度も見直すことを説くと、その後は説教じみたことも言わず、叔母との馴れ初めや、たわいもない話に終始した。宴席の発ち際、就職祝いだと言って史郎は万年筆を贈った。「特に深い意味はないが、高宏くんが綺麗な字を書ければ鬼に金棒だ」とだけ言って店を後にした。

ソフトメーカーでの苦労は想像以上だった。水野は他の文系出身の新人二人と共に、基礎講座を受けるところから始まった。毎日、終業後の四時間、先輩社員による講義が行われ、理論と演習を繰り返し叩き込まれた。大学時代のゼミ仲間がアフターファイブを謳歌《おうか》している時間に、彼はコンピューターと睨み合っていたのだ。こんな時間まで大変ですよねと先輩に声をかけると、「講義の日は十時前に帰れるから楽だよ。この業界は午前様が当たり前なんだ。残業しないで帰ってみ。上司に呼び出されて説教食らうから」と苦い顔で返された。また、同期入社した理系出身の開発要員は、すでに気忙《けぜわ》しく働いているのだと聞かされると、甘えた言葉を口にする身分ではないことを改めて自覚した。
その業界に関する良からぬ噂は就職前から耳にしていた。

曰く、プログラマーの定年は三十五歳。曰く、九時五時は、夜に始まり、早朝終わる。曰く、精神を病む比率が高い。云々。実際に入社すると、水野はそれらしき徴候を方々で目の当たりにした。奇異な言動をとる者は少なからず見た。髪も髭《ひげ》も伸ばし放題の者や、訳のわからない服装の者は相当数いた。机の脇に空き缶を際限なく積む者、四六時中ぶつぶつと独り言を呟く者もいれば、あたり構わず怒鳴り散らす者も見た。事務所には寝袋が転がり、どの時間帯でも必ず誰かしら在席していた。納期が近づくとフロア全体が殺気立ち、皆、寝る暇、食事する暇を削って、昼夜分かたず働いた。あたかも、安息は悪である、と言わんばかりの緊張感が漲《みなぎ》り、誰一人として帰ろうとはしないのだ。

　水野の大学時代の知人は、専攻学科から真っ直ぐ延びたレールの先の会社に就職したり、公務員となり、散りぢりになったが、時々会っているようだった。その都度、彼も誘われたものの、ほとんど出席できず、次第と疎遠になっていった。出張など一切なく、寮と会社を往復するだけの毎日では、恋人ができるはずもなかった。たとえできたとしても、週に一度しか会えないのでは長続きするとも思えなかった。彼女が欲しくないわけではない。一人で食事をするときや、秋口の冷たい蒲団に潜り込むときは特にそう思った。しかし、ささくれ立った神経のまま女性と会話をしたところで、相手の些細な欠点に苛立ち、つまらないことで口論になるのは目に見えていた。また、大学時代のような軽薄な関係を築くことだけは避けたかった。諦念を抱えて過ごすうちに、女性と付き合いたい気持ちが水野から薄らいでいった。

　銀行口座の残高だけは順調に増えていった。一日あたり十数時間も働き詰めれば実入りが太り、心身が磨り減るのは当然だ。水野は、発狂説や定年説に対する確信を日々深めていった。その職場で働く多くの者も、残業すれば効率が上がるとは思っていない。が、仕方ないものとして受け入れたほうが時間を無駄にせずに済む、という不文律で結ばれていた。そのような殺伐とした開発現場では、先輩が後輩の技術指導をする美風などなかった。また、叔父のように業務メールの文体に注文をつけようものなら、そんな暇があるなら仕事しろ、と咎《とが》められるのは明白だった。実際のところ、メールに記された日本語たるや、読むに堪えない代物だった。同期であろうが、十年目の先輩であろうが、課長であろうが、その職場には、まともな文章を書ける人間が一人もいなかった。

　そんな会社生活において、水野はルールを一つだけ守っていた。それは、どんなに忙しくとも日曜日だけは完全休息にして、街へ出ることだった。行きつけの本屋を巡り、ＣＤショップで新譜をチェックし、デパートに並んだ服を眺め、旨い店を開拓して気分転換に努めた。人間にはバランスが必要なのだ。

ほとんど陽の光を浴びることなく終日、キーボードを叩き、日に数十と寄せられる汚い日本語のメールにうんざりして酸欠に陥っていたなら、一度、水面へ這い出て深呼吸することが必要なのだ。

　葬儀の席で叔父が説いた「国語が下手な奴はプログラムも下手」「自分に見切りをつけるのは三十過ぎでいい」という言葉に従い、水野は創作と読書を続けた。創作は、短編やショートショートを年に数本書くのが精一杯だった。そんな、いつまでたっても上達の兆しが見えない作文も、いつしか単なるトレーニングと化していた。引退したマラソンランナーがジョギングを続けるような心象を抱きつつも、いつか仕事の糧となることを信じて続けた。たわいもない文章と素晴らしい文章の差は何なのか。彼が漠然と感じていたのは、素晴らしい文章は素直な表現である、ということだった。難解な言葉を使ったり、こねくり返したり、凝った言い回しをするのではなく、シンプルに。そのように書かれた文章はあたかも、著者あるいは登場人物の感情が瑞々しさを湛えたまま瞬間冷凍されているかのようだった。自身の文章が凡庸な原因は、鮮度を保った感情を扱う才能がないからだと水野は考えるようになっていた。

　創作では幻滅したものの、読解は着実に上達している確信があった。簡潔と奔流、情景を鮮やかに描き出す言葉の巧みさ、作家ごとの声色の違いを感じとれるようになった。読書家は二種類に分類されるのだという。片や、分析と分類と蓄積のために多読する者。片や、気に入った本を何度も読み返す者。水野は後者だった。繰り返し読まなければ細かく読みほぐせない資質にも起因した。しかし、度重なる吟味の末に美味なる本と認定されたものは、彼の中にしっかりと根を下ろし、実を結び、次に手に取る本との比較材料を提供した。そのような本を手にする機会はめったに訪れなかったが、少しずつ心の内に積まれていった。そんな中、かの短編集は水野の中で、いささかも輝きを失っていなかった。碧と最後に会って何年も経て、思い出から数歩退いた視点で短編集を読み返してみても、その美しさは他から冠絶していると水野は思った。やはり碧は彼にとって特別な人だったのだ。

　水野は読書の対象を意識的に広げていった。業務上必要な理工書に加え、高校の数学と物理を解説したもの、さらに高度な概念を平易に説明した本。稀に、美術書にも目を通した。彼は、人の創意と工夫から感動を得た。自然の造形物も美と雄大さを備えているのは間違いない。しかし彼を感動に至らしめたのは人間だけだった。広大な砂漠の地平線に見る日の出、あるいはグランドキャニオンにせよ、オーロラにせよ、自然は現象の結果を人に見せるだけだ。明治、大正、昭和初期の文豪達

は、時代の激変と西洋の文物に臨み、言文一致や造語などの実験を繰り返して新しい文学を切り拓いた。数学や物理の天才達は、事象を精密に計測した結果を元に試行錯誤と計算を繰り返し、ときには経験と直観から生まれた大胆な仮説を立てて、それを解明しようと努力してきた。そうして得られた人智の結晶は驚くほどシンプルで美しい。ものごとに宿る真の価値とは、人々の才能と努力によって拾い磨かれた本質のことだ、と水野は考えるようになっていった。

プログラムの本質は、人間には不可能な速度と精度で機械を制御することにある。するとプログラマーの価値は、無駄な演算をせず誤動作しないプログラムを、短時間で書くことにあるのだろうか。そう思い至ったころ、水野はプログラムの自作を始めた。彼の普段の業務は、前任者が作成したプログラムから不具合を取り除き、新しい機能を加えるだけのものだった。それは、机の引き出しに眠る、歴代の先輩方が書き溜めた文章に添削を施し、自分で考えた物語を継ぎ足して、また後輩へ託す伝統になぞらえよう。代わるがわるシャハラザードを務め、一つの物語を延々と書き連ねる千夜一夜的な作業では、全体の統一感から逸脱した文体で追記することは許されない。

プログラムにも書き手の経験や癖が文体となって表れ、その体《てい》は破棄されるまで守られる。したがって、未熟な開発要員が第一稿を執ることは絶対にない。水野が勤める会社では、新規プログラムを担当するために必要なキャリアは五年と定められていたため、その任が今すぐ水野に下されることはありえなかった。そこで、一つのプロジェクトが終わり、次のプロジェクトが始まるまでの谷間の時間を利用して、彼はゲームの自作に取り組んだ。

手慣らしに三目並べのような、ごく単純なものから手をつけたものの、全くの無から、かたちあるものを生み出す工程には、数十枚の短編を書く過程と同等の苦難が待ち受けていた。ゲームに大まかな骨格を与える構想から始まり、プレーヤーのさまざまな操作を受理して、挙動へと対応させる神経を張り巡らせ、対戦相手を務める擬似知能を吹き込む。処理結果を画面に表示する肉づけを施し、勝敗判定や得点計算などの表皮で包み、ゲーム的偶発性や難易度の服を着せる。一連の工程の末に、かたちあるものが完成した喜びは、文芸創作を上回るものだった。思いどおりにコンピューターが動き、反応する様子を眺めていると、水野は人造人間を組み上げた気分になった。そして一つ作れば、双六《すごろく》、トランプ程度のものは、以前の作品を元に、いくばくか手を加えるだけで簡単に完成する点が文芸とは大きく異なっていた。

会社生活を五年過ごして迎えた早春、夕方五時を告げる鐘が鳴り響くと、チームリーダーの長谷川が水野の許にやってきた。「ちょっと来い」と別室へ連れられ、水野は四月からの三年間、研修出向するよう命じられた。大手電器メーカーの工場に常駐し、テレビ制御プログラムを作成する、という主旨だった。

「なぜ俺なんですか」

「水野はいつも日程守るし、なかなか良い仕事をするって評判だからな。勤務態度も真面目だし」

「長谷川さん、俺のプログラムをご覧になったんですか」

「最近半年分のお前の仕事には目を通しておいた」と長谷川は言った。

意外だった。普段の会話や打ち合わせにおける発言から水野が察するに、その男はプログラムの質や美の類に関心を寄せているようには見えなかったからだ。

「どうでした？」

「ああ、コンパクトにまとまってるし、コメントも適切でわかりやすいよ。お前、確か文系出身で、会社に入ってからだろ、プログラミング」

「ええ、そうです」

「五年？　六年？　それであれだけ書けてれば良いほうだよ。出向さ、行き先は違うけど俺も行ったんだぜ」

「そうなんですか」

「たいてい十時には帰れたし、飲み会も結構頻繁にあって、そんなに悪くなかったよ。まあ、頑張って武者修行してこい」と長谷川は言った。

リーダー氏の説明によると、他社へ出しても恥ずかしくないプログラムを書ける人間が選出されたことになっていたのだが、果たして本当にそうなのか確かめようがなかった。長谷川が第一稿を執ったプログラムを読んでも、特別光るものがあるとは水野には思えなかったからだ。水野のプログラムを長谷川がどの程度まで理解して、どう推薦の弁を述べたのか、全く想像もつかなかった。その男は、叔父とは真逆のタイプの人間であり、唯一、共通したのが締め切りを重視する点だった。毎日、終電間際まで部下に残業をさせようが、休日出勤を仄《ほの》めかそうが水野の目には、長谷川が何かしらの呵責《かしゃく》を感じているようには映らなかった。とはいえ、水野自身が出向することに異存はなく、選出理由にもさほど関心はなかった。むしろ、今の職場よりは、よほどまともな就労時間と、まともな人々に囲まれることを期待した。

ただ一つ、水野が気になったのは、先方で採用しているプログラミング言語が普段使用するものとは異なる、ということ

だった。国際連合での公用語が複数あるように、プログラミングの世界にも主要言語が複数、存在する。ただし、コンピューター産業の誕生と発展がアメリカに由来する経緯もあり、全てのプログラミング言語に登場する単語と文法に大差はない。周到な準備をせずとも出向先のプログラムを、おおよそは読み書きできる自信があった。とはいえ、会社の看板を背負う以上、やはり予習は必要だろうと彼は思った。

　出向命令が下された週末に専門書を数冊購入し、水野は自習を始めた。過去五年間に作成したプログラムを先方の言語で書き直し、癖や特徴、注意事項や言語特有のテクニックをノートへ書き出していった。出向を間近に控え、新しい業務が差し止められていたため、就業時間を準備演習に充てることができた。その結果、わずかひと月の勉強でも、予想以上の成果が得られた。一通りの文法を覚え、特有の機能も使い慣らすようになり、水野は先方でも一人前の仕事をこなせる手応えを掴んだ。

　水野が研修出向した工場は横浜にあった。川崎の寮に住み続け、顔馴染みや通勤時間はそのままに、出勤する方向だけが逆向きに変わった。四十メートル四方の事務所に百名ほど在籍し、その八割がソフト担当者で、さらにその七割を外注で占めていた。

　その職場の特徴は、開発に携わる全ての者が、全てのプログラムを閲覧できる点にあった。しかしそれは、決して推奨されることのない奇異な特徴だった。コンピューター先進国のアメリカでは零細ソフトハウスでさえ、チームを跨いだプログラム閲覧は制限されている。また、開発要員の多くを外注で占める状況も踏まえると、その特異さが浮き彫りとなる。人の出入りが頻繁な現場で開発資源をオープンにするということは、企業秘密が漏洩するリスクが高まることを意味するのだ。その危険に見合う利点があるならば理解しうる制度ではあるものの、その工場にそんなものはなかった。成果物を互いに監査し合うこともなければ、プログラミングの勉強会を開催することもなかった。その実態についてチームメートや正社員に意見を求めても、気のない返事が届くだけだった。

　出向初日、前任者から引き継いだプログラムを読んで、あまりのひどさに水野は愕然とした。入門書を転写したかのような、いかなる趣向も見出すことのない稚拙な内容だったのだ。プログラミングという行為を極言すると、仕様書に示された処理手順を、プログラミング言語へ翻訳することである。優れた翻訳家の手による訳書には自然な日本語のリズムが与えられ、滑らかに読者の頭へ入る。ところが、このとき水野が引き継いだプログラムは、意味を回りくどく伝える奇怪な直訳が延々と続くものだった。仕様書に記された別々の項目が一絡《ひとから》

げにされた箇所も彼を混乱させた。逆に、まとめて扱ったほうが連動の様子を理解しやすくなる箇所が、仕様どおり別々に扱われていた。

　文章は、書いた人の心の射影図である。出向先で水野が手にしたプログラムは、それを書いた人間は精神錯乱者ではないのかと邪推したくなるような代物だった。原著たる仕様書、および原作者も明晰とは程遠かった。仕様書の筆者に何度も質問してはその都度、不明瞭な答えが返され、水野の理解は一向に捗《はかど》らなかった。毎日、大量のコーヒーを消費し、神経を磨り減らしながら前任者の成果物を精査した結果、既存のものを破棄して一から書き直すべきである、という結論に達した。新機種の開発が始まったばかりで時間の余裕があったことも幸いして、彼の提案は受理された。水野は期せずして、半ば新規のプログラムを書ける機会に恵まれたのである。

　食事情も大きく変わった。本社勤務の時分は街へ繰り出して、食べたいものを自由に選択していた。一転、出向先では社食が基本であり、常に脂で照る日替わり定食、カレー、麺類以外に選択肢はなかった。構内での食事が前提なので、昼休みが短めに設定され、外食する時間の余裕もほとんどなかった。

　敷地の案内がてら、一年前から出向している飯島と共に社食を摂った。食堂は相当な広さにもかかわらず満席で、従業員の声と脂のにおいが充満していた。整然と並んだ長テーブルに沿い、同じ作業衣を着た工員達が鈴なりになって食物を啄《ついば》む光景は、電線に止まる雀を連想させた。五分ほど並んで手にした定食は、値段と外見どおりの味だった。

「毎日、日替わり定食なんですか」

「たまにうどんの日もあるけど、大抵これだなあ」

　揚げ物を頬張る飯島が標準体型であることに、水野は疑問を覚えた。

「飯島さん、脂っこいの平気なんですね」

「毎日食べてたら、そのうち慣れるさ」

「太らない体質なんですね」

「いや、そうでもないよ。おなかまわりに皺《しわ》寄《よ》せがいって、ここに来る前より、だいぶ隠し財産が付いちまった。メタボの判定はまだだけど、時間の問題かもな」

　そう飯島は言うものの、その表情からは深刻な様子を読みとることができなかった。以降、水野は一度たりとも食堂へ足を運ぶことはなかった。昼食を抜くことも、しばしばあった。ときに売店のパンや煎餅《せんべい》で済ませ、気が向くと駆け足で構外へ食事に行った。

　新規プログラムを書ける好機はほどなく暗転した。ソフトウェア開発現場はどこであろうが、残業とは無縁でいられな

いことを水野は痛感した。実力のないプログラマーが粗悪な仕様書を元に、日々、冗長なプログラムを粗製濫造しているのだから当然なのだ。そのようなプログラムを引き継いでしまったがために、まともな就労時間にあずかるという彼の幻想は脆《もろ》くも崩れ去ったのだった。

散在していたデータを一ヵ所に集め、仕様書に沿うよう分類・整理した。幾度も現れる類似した演算式を、冗長性を持たせたパターンで統合した。無駄に複雑な数値計算は、周期性を利用した単純な計算に置き換えた。頭を抱えんばかりに折り重なった分岐命令を、典型的な高速処理手法で代替する検討もした。それらの作業にはそれなりの時間を要したものの、経験と応用で解決することができた。失敗もした。説明が一切添えられていない混沌とした箇所では、自分なりの解釈で書き直して不具合を発生させてしまい、水野は関係者に何度も謝ることとなった。

正常に動作しているプログラムを改変する必要性について疑問視する者もいた。新たな不具合を発生させてしまい、水野が多くの人に迷惑をかけてしまったのも事実である。だが、顔を覚えてもらい、相談しやすい環境を築き、自分のちっぽけな担当部位がチームメートの担当部位と、どのように連動しているのかを理解する糸口となったことを考えれば、自分の判断は正しかったのだと水野は何度も自分に言い聞かせた。

そのころから水野の体調に変化が表れた。昼食を抜いて仕事に集中していると、午後三時には激しい頭痛に襲われ、それ以上の思考を脳が拒否したのだ。身体的疲労はあまり感じていないのにもかかわらず無気力になる体験は初めてだった。残業に耐えられる状態ではなく、一刻も早い休息が必要だった。事務所にはハードウェア担当者や数名の事務方も在籍しており、彼等が定時に帰宅するのは日常的な光景だった。その状況に便乗して水野も五時に帰宅したのである。

寮に戻っても読書することさえ億劫《おっくう》になり、酒を飲みながらテレビを垂れ流した。同期の者は零時を回るまで戻らないため、連れ立って飲むこともできず、結局、水野は寝るだけだった。体が疲れていないせいか、朝の早い時刻に目が覚める。初電近い電車で出勤して朝食をコンビニ弁当で済ませ、誰もいない時刻から業務にかかり、昼食を忘れて仕事に没頭する。その悪循環に陥ると昼過ぎには頭痛が始まり、午後を気力で乗りきると五時には朦朧《もうろう》として、一切の気勢が削《そ》がれるのだ。テレビを見ることも、音楽を聴くことも、何もかもを拒否して、平日の夜は頭痛を抱えて床に就く以外、彼にはなす術がなかった。

水野に転機が訪れたのは、梅雨も明けて雲の白さも眩《まぶ》しい、七月の暑い日曜日だった。冷房の効きすぎる屋内に長時間籠もる生活を送っていると、ボールを追いかけていたころには

疎ましかった夏の太陽が貴いものに思えた。久しぶりに都内へ出て本屋を巡り、少し値の張る昼食を済ませた。ネクタイを物色した帰り道、水野はCDショップに立ち寄った。洋楽コーナーで新譜をチェックしていると、あるギタリストのプロモーションビデオが目に飛び込んできた。アコースティックギターを平《ひら》に寝かせてタップする奇異な演奏スタイルが、何より彼の目を引いた。不思議な響き方をする弦の調子とパーカッシブなリズムに心が躍った。それら全てが調和した心地好い楽曲に、水野は最後の一音まで聴き入った。バンドでの担当はベースだった。卒業後は数回、軽く流しただけで、演奏への興味も薄れていた。しかしそのビデオを見て水野は突如、ギターに挑戦したくなったのだ。そのビデオのように技巧的な演奏を目指すのではなく、楽器と人だけで織りなす静かな調べで、耳を労ってやりたいと思ったのだ。

　水野はプロモーションのタイトルを店員に尋ねてCDを買い、銀行に寄り、お茶の水へと向かった。弾きやすく、よく歌うギターの中から手頃なものを選び、教則本と楽譜も買って帰路に就いた。久しく弦楽器から遠ざかっていた指は弦を押さえると、すぐに痛くなった。ベースとは弦の数が異なるギターに戸惑ったものの、二時間ほど練習するうちに、徐々に慣れていった。練習を終えると心は喜びに満たされ、自分がこんなにも演奏することを愛していたのかと初めて気づかされた。幸福な気分に浸りながらシャワーを浴び、よく冷えたビールを数本空けて蒲団に入ると、水野は心地好い眠りに包まれた。

　その日から、どれほど頭痛が激しくとも彼はギターを続けた。コードが綺麗に鳴る弦の押さえ方を工夫したり、合理的な運指を譜面に書き込みながら好きな曲を練習していると、無益な時間を過ごすことなく適切な就寝時刻を迎えられ、幸福な気持ちのまま眠りに就けた。

　出向先での初仕事をどうにか期限に間に合わせ、水野に一息つける時間が訪れた。かつてゲーム作りに充てていた開発と開発の谷間の時間を、今回は他人のプログラムの研究に費やそうと、かねてから決めていた。そして、それを実行したとき、入社後六年間の努力が結実していることをはっきりと自覚した。また、そのプロジェクトを構成するほぼ全てのプログラムが、着任当初の彼の担当部位と同程度であることを知った。基礎知識に対する理解度、制御構造の適切な選択、定石の踏まえ方など、若干の程度差は認められるものの総じて低劣で、プロフェッショナルとしての意匠は、かけらもなかった。その工場で一番深刻なことは、プログラミングにとって最も大切な概念と本質を、一人の人物を除いて誰も理解・実践していないことだった。文芸の世界であれば、文学に通暁《つうぎょう》した

編集者が寄せられた原稿を査読し、用捨、朱入れを判断するはずだ。ところがその工場では、右と左しかわからない小学校高学年の児童が編集者を務め、小学校低学年の児童が覚えたての日本語で作文を書いて渡し、何を指摘することなく受領しては、高い原稿料を支払っていたのである。

　叔父は正しかった。ソフトウェアの仕事が職人としての色合いを帯びている以上、親方の技を傍《そば》で見て盗み、腕を磨き、今より良い仕事をする方法を常に模索する人間でなければ務まらない。プログラムが美を宿すものである以上、それを生業とする者は、どのような要素が美を構成しているのかを論理的に探究し、自らの手で美を生み出す努力を怠ってはならない。芸術や建築、料理の世界はその繰り返しで発達し、時流に乗れない者は、ことごとく淘汰《とうた》されてきた。プログラマーという職業は本来、精神的にも社会的にも自主性によって保たれるべきであり、それを実践している者こそ真のプログラマーであり、ハッカーと呼ばれるべきなのだ。それは、勝利を求める柔道選手が、道を極めんとする柔道家へと昇華する過程と同じかもしれない。対して、金儲けのためだけにプログラミングする連中を単なるプログラマーと呼ぶべきだ、と水野は思った。

　その工場で唯一、ハッカーと呼べる存在は、藤原という派遣社員だけだった。その水際立った手腕は、水野も遠く及ばないほど傑出していた。藤原は数学科を出て大手ソフトメーカーに就職した八年目の社会人であり、その工場に出向して六年が経ていた。細身で眼鏡をかけ、決してネクタイを緩めることのない藤原の姿は、一見したところ神経質で近寄り難い雰囲気を漂わせていた。事実、水野が会議で同席していると、舌鋒《ぜっぽう》鋭く歯に衣着せぬ発言をする場面に多く遭遇した。他方、常に合理的で筋の通った意見を述べ、さりげないところへ気を配り、時折放つユーモアで皆の虚を衝く一面も備えていた。

　水野は藤原の国語の能力も知っていた。春、方々に頭を下げた先で、彼とも幾度か言葉を交わしたのだ。藤原のしたためた業務メールは、簡にして要を得る、を体現していた。人によっては冷たいと感じても仕方のないほどに、挨拶や修辞など、あらゆる無駄を削ぎ落とした凄味があった。彼は、叔父の文章もかくやと思わせる日本語を操る人物だったのである。

　その藤原の手によるプログラムは面倒な処理を、数学的特性を利用して鮮やかに解くものだった。それは再帰[*4]や対称性といった、水野が忘れかけていた手法も随所に用いた驚異的に明晰なもので、彼は脳味噌を直接殴られたような衝撃を受けた。考え抜かれたシンプルな基幹デザインを吟味し、専門書にも載っていない奇抜なアイディアと多彩なテクニックが生い茂る枝葉を一枚一枚噛み締めるたびに、水野は舌を巻いた。

藤原のプログラムは自然と英知が調和した美に溢れていた。

　ある日の昼休み、水野は、正門へ向かう藤原を見かけた。興味半分で尾行したところ、構外の定食屋の暖簾《のれん》をくぐる彼の姿を捉えた。偶然を装って声をかけると、藤原は特に驚いた様子も見せず、また、訝《いぶか》しむ様子もなく水野を迎え入れた。注文が済むなり、水野さんのソースコード*5は見どころがありますね、と藤原は言った。

「俺のコードをご覧になったんですか」

「ええ。今の職場は珍しく、全員のコードを読める環境にあるので、毎年、新しく入った方々がどの程度のものを組むのか、拝見させて頂いております。水野さんはまだ粗削りですが、本質の理解と筋の良さは確かです」

「藤原さんにそう言われると嬉しいですね。実はですね、今日、この店に入ったのは、藤原さんをつけてきたからなんです。なんでつけてきたのかというと、今の職場で唯一、俺より腕が良い人が、何を食ってるのか気になったからなんです」

「面と向かってそう言ってくれた人は初めてですよ」

「事実ですからね。コードの凄さもさることながら、藤原さんが書くメールにも感心してたんです。簡潔かつ的確な日本語にね。ぶっちゃけ、入社以来、まともな業務メールなんて見たことがなかったんで」

「もっと嬉しいことを言ってくれますね。会社の上司には、お前が書くメールには心がない、と言われ続けてきたので。練りに練った文面にケチつけられるのは、正直、心外です」と藤原は顔を綻《ほころ》ばせた。

　その週末、水野は藤原に誘われて飲みに行った。曰く、酒は強くないが、旨い酒なら日本酒、ワイン、ウイスキーも飲むとのことだった。水野は手始めに、その席のきっかけとなった昼食の話題を振った。藤原は派遣初日に見た食堂の光景から養鶏場を連想した。その上、いかにも脂ぎった天麩羅《てんぷら》も見たために、ブロイラーになるのは御免とばかりに回れ右をした。以来、食堂に近づくことすら避けているのだと藤原は言った。そして、雨の日はおにぎり、それ以外なら外食する日々を経て今に至ると。次に、藤原のプログラムについて水野が感じたことを微に入って話し始めると、藤原はビールと料理を交互に口にしながら彼の話に聞き入った。

「私のコードをそこまで深く読み込めているなら、言うべきことはありませんね。あとは盗んだ技を自分の仕事に活かすだけ」

「テクニックはともかく、あんな発想が俺にできるとは思えません」

「できますよ。いろいろな仕事をして経験を積み、第三者の視点で自分の仕事を何度も見直すと、改善点や新しいアイディアがどんどん見えてきて、それらを仕事に活かすと、さらに良

いアイディアが湧いてくる。その繰り返しです。私だって、あのコードに辿り着くまでに六年もかかりましたからね」と藤原は言った。

　さまざまな分野の天才達ですら、試行錯誤の末に偉大な仕事を成し遂げたのだと、藤原はさまざまなエピソードを交えて語った。酒が入った藤原は職場での張り詰めた雰囲気と異なり、目尻と口角《こうかく》が常に緩んでいた。一方的に喋ることもなく、ときには水野へ水を向けて会話にリズムをもたらす。そんな藤原の口調には人間的な温かみがあった。

　翌週から水野は、藤原のプログラムを手本に、自分の仕事を改善し始めた。表層的なテクニックの踏襲から始めて、基幹構造を模倣するところまではどうにかなったものの、その先の創意と工夫で行き詰まった。どこから手をつけ、何をどうすれば良いのか、水野には皆目、見当がつかなかったのだ。そのような手法は、本を読んでも、ネットで調べても判然としなかった。やはり、叔父や藤原が説くように、経験と反復的な見直しが必要なのだと悟った。読書の上達でさえ何年もかかり、創作に至っては芽吹く兆しすらない自分が藤原のようになれるのかと思い悩んだ。しかし、今の自分にできることを探して努力を続けるしかないと開き直り、改善作業を中断した。

　考えた末に水野が思いついた次なる一手は、チームメートの担当部位を自分なりに作り直すことだった。実際に手と頭を働かせると、次第に彼等の腕の差が明確になっていった。各部位の統廃合も念頭に置いてチームメートの仕事を仔細に分析すると、大量の無駄な重複も明らかになった。チーム一丸となって無駄な仕事を削れば、皆、残業せずに帰れるのか。あるいは、余裕ができたところへ別の業務を押しつけられて、やはり残業することになるのか。ともあれ、そのプロジェクト全体としていえるのは、仕事の仕方を根本から見直して、基礎技術を全員に身につけさせる必要がある、ということだった。ある古株の弁によると、業務分割が決定してから約十年が経過しており、その間、フルモデルチェンジがあったのにもかかわらず、ソフトウェアの基本的なシステム構造を保持している、とのことだった。基礎技術については、毎日、残業続きで、情報交換の時間などあるはずがないと、当たり前だと言わんばかりの顔で諭された。

　基礎については、個々の自主性と職場の問題なので、水野は語るべき言葉を持たなかった。だが、業務方針は全員にかかわる問題である。本来あるべき姿はどうなのか、藤原と酒を酌み交わしながら何度も話し合った。その工場には問題が山積していて、とりわけ最大の懸念は人員過多と、それに伴う開発費の増大だった。二人の見立てでは業務を丁寧に整理すれば、おおむね四分の一の開発要員で足りる、という結論を得ていた。

世の中、人件費ほど高いものはないだろう。オペラのチケットが高額な理由は、指揮者とプリマドンナ、オーケストラ、脇役や裏方など、途方もない数のスタッフへの報酬を捻出するためだ。とはいえ、無駄な人間を抱えることは自然な自衛行為ともいえるのだ。人員整理を提案すれば、提案した本人がお払い箱となりうるからだ。派遣社員ですら、汝不要の者として退場させられたのでは沽券にかかわる。

大企業は会社全体として儲かってさえいれば良く、自分の属する事業部が大赤字であろうとも、従業員個人の懐とは無関係なのだ。その様は共産主義国家となんら変わらない。どんなに無能だろうが、仕事をさぼろうが、担当業務を右から左へ受け流すだけであろうが高給を食《は》める。その上、どんな失態を演じようとも、それが犯罪行為に該当しない限り正社員は解雇されることがないのだから、皆が入社したがるはずである。大企業というブランドだけで大枚投じて仕事を依頼する側も悪いが、一番悪いのは、堅く守られた枠の中を惰性で過ごす人間だ。共産主義国家が競争原理を排した結果、あらゆる停滞を招き、解体を余儀なくされたのは歴史が証明している。会社というものが、創業者と後継者達の努力の果てに無駄の巣窟と化す運命にあるならば、なんと空しいことだろう。

テレビ開発現場で味わった酸鼻《さんび》と苦悩はテレビ画面からも滲み出た。軽佻浮薄な芸人が際限なく登場して、代わり映えのないことを延々と繰り返すバラエティー。音楽性のかけらもないポップスをしきりにアピールする歌番組やCM。見るだけで気が滅入る事件ばかりを報道するニュース。そんなもののためにテレビを開発している自分の価値は何なのだろうかと、水野は自己不信に陥った。

その時期、彼が視聴していたものは、ヨーロッパ・フットボール番組だけだった。そこには指揮官達の研究と工夫の成果があり、自分でプレーしていた時分には気づかなかったおもしろさを見出す瞬間が常にあった。しかし、水野が何より気に入っていたのは、彼等が真の戦うプロ集団であることだった。スター選手のいない下位クラブが、バランスとコレクティブなプレーを武器にトップクラブを打ち負かす様子は、その醍醐味といえる。そして、確固たる指揮系統で統率された超一流の集団が織りなすチームワークには、華麗の域を超越した美が存在している。プログラムの規模と複雑度が増すほど、プログラマー達は真のハッカー集団であることを求められるはずなのに、この国の大企業も多くのソフトメーカーも、ただの草サッカーチームにすぎない、と水野は思った。

以下、余談であるが、ソフトウェアの世界では、最高のハッカーと最低のプログラマーの生産性を比較した場合、約百倍

の差があるというのが定説である。

さらに大きな差が生じるのはプログラムの実行速度であり、最高で約三千倍という事例が紹介されている。ピンキリのキリプログラマーが作成したプログラムは、一秒で済む処理に五十分を要するのだ。

そして、最も憂慮すべき技術格差は、プログラムの本質への無理解が招く潜在的な不具合である。その巧妙な隠れ蓑《みの》は、上級者ですら目を皿にしてチェックしなければ見逃してしまうほど厄介なものだ。テレビやゲームで不具合が発生した場合、方々に頭を下げるだけで事は収まる。しかし、医療機器や原子力施設においては多くの人命を奪うことになる。事実、[*6]医療機器制御プログラムの不具合による死亡事故は発生したのだ。

そのような現実にもかかわらず、給料の差は三倍程度しかない。しかもそれは企業間の差であって、同一社内における能力給の差ではない。むしろ、下位職位にある者が上位の者よりも、優れた技術と見識を持つケースがしばしば見られるのだ。実力と報酬の不均衡は、プロスポーツの世界では極めて稀である。プログラミングは月並みな企業業務ではなく、職人や芸術、プロスポーツに近い存在であるべきだ。ときに、人命を預かる立場として、医療現場と比してもおかしくない。この国のソフトウェア産業は矛盾と疲弊に満ちているのだ。

八時間、極度に集中した末に、激しい頭痛を伴って帰宅し、酒を舐めながらギターを練習する日々を繰り返していると、一年は瞬く間に過ぎていった。水野が「光陰矢の如し」を初めて耳にしたのは中学の時分だった。そのころは四十五分の授業時間でさえ長く感じ、この先の人生では、どれほどたくさんの暇潰しをしなければならないのだろうかと、恐怖にも似た感覚を抱いたものだった。亡くなった祖母が「歳をとるにつれて時間が経つのが早くなるねえ」と言っていたのを水野は思い出した。

そうして迎えた出向二年目の春、三月一杯で辞めていったチームメートの担当部位も水野が兼任することになった。年度末の研究が功を奏し、引き継ぎは淀みなく終わった。その年はマイナーチェンジの計画のみであり、プログラムの統廃合を提案するには及ばなかった。業務命令ではない自主的な検討だったとはいえ、理想を実現させる機会を逸した水野は拍子抜けをした。また、マイナーチェンジに対応する変更作業と動作検証が二ヵ月も経たぬ間に済んだことも彼の手持ち無沙汰を促した。年明けまで呆《ほう》けるわけにもいかないので、水野は藤原を酒に誘って相談した。

「俺ね、新機種向けの変更とテストが終わってしまって暇な

んですよ」

「水野さんも終わったんですか」

「も、ってことは藤原さんも？」

「ええ。マイナーチェンジに向けた変更作業の概略を聞いて、すぐに検討し始めたので、最終決定で追加された変更事項を含めても、半月あれば充分です」藤原は猪口を傾けた。

「そうですよね。走り幅跳びじゃないけど、助走が長ければ遠くへ跳べるもんですよね」

「そうそう。全てが決まってから取り組むようでは、良い仕事なんてできません」

「藤原さんは、今、何してるんですか」

「ゲームを作ってます」

飄々《ひょうひょう》と語る藤原の表情を眺めていると、ハッカーとは何かを生み出し続ける存在なのか、という感慨が水野を捉えた。

「どんなのですか」

「シミュレーションゲーム。私はこう見えても歴史好きなんで、ポエニ戦争を再現させたいなあと思ってまして。あ、わかります？」

「ハンニバルとローマのなんとか将軍でしたっけ」

「スキピオ親子。ハンニバルが布いた包囲網やザマ決戦は、今でも軍事機関で研究されているくらい興味深いものなんです」と藤原は言った。

水野がハンニバルを知っていたのが嬉しかったのか、藤原は局面ごとの両軍の戦術と終焉、そして、その後の歴史を楽しげに語り始めた。水野は戦争に関する知識を全く持たなかったため「へえ」「ふうん」「そうなんですか」を繰り返すだけだった。たとえ生返事をするだけの存在であろうとも、話を聞いてくれる相手が現れたことに、藤原は満足しているようだった。

ひとしきり話を聞いたところで水野は、藤原さんは暇な時間にオープンソース[*7]を読んだりしないんですか、と尋ねてみた。

「カーネル[*8]とドライバー[*9]は読みました。それなりに得るものはあったし、それが今の私の仕事に活きているのも確かです」

「どんな収穫がありました？」

「なんといっても、システムの動作原理と周辺機器の制御手法。それと、プログラミングに共通した、ものの考え方、コードを読むコツ。あとは細かいテクニックかな」

「やっぱり俺も明日から読もうかなあ」

「それもいいですけど、私は自作ゲームのハッキングを勧めます。技術が必要になる前に準備を済ませておくことが、どれほど良い結果に結びつくのかは、今、我々が暇であることが何よりの証拠です。その意味では、今、オープンソースを読んでおけば、あとあと、必ず役に立ちますよ」

藤原は猪口を空けて注ぎ直した。水野も倣って飲み干すと、藤原はそれを満たした。

「でもね、今の私があるのは、たくさんのオリジナルプログラムを、ゼロの状態から試行錯誤して作ってきたからだと思うんです。水野さんもそうだったと思いますけど、最初は苦しいし時間もかかったけど、コツを掴み、磨き上げ、テクニックの引き出しが増えるにつれて、次の作業が格段に楽になったでしょう。システム云々は仕上げでいいと思うんです。何より、テキストを漁るより、作るほうが楽しいですしね。自分が作った仮想世界の中で登場人物達が動き、喋るのを眺めていると、私はキャラに命を吹き込む神様になった気分になるんです」

「神様かあ」

「全宇宙に存在する原子の数は、２の２７０乗程度なんだそうです」それは八十桁を超える、まさに天文学的数字である。「一方、プログラムが扱える最大の数は今のところ、２の２６２１４４乗だから、コンピューターを自在に操るハッカーは、ある意味、神以上の存在といえなくもないんです。まあ、私はそうは思いませんけど」と藤原は言った。

比較的単純なゲームしか手がけたことのなかった水野は、一段高いレベルのゲーム制作に興味が湧いた。藤原が過去にハックしたゲームの種類や工程、参考資料についていろいろと尋ねた。そして、休日の過ごし方や、好きな本、世界観などを質問し、最後に、藤原は自身の才能についてどう考えているのか尋ねてみた。

「藤原さんは、ご自身のハッカーとしての才能を、どう評価してらっしゃるんですか」

「どうでしょうね……まずまずってところだと思います」

「藤原さんレベルで、まずまずなんですか!?」

「地球をひっくり返すような革命的プログラムを組んだわけでもないし、何かの分野で歴史を塗り替えるプログラムを組んだわけでもないので、そんなもんです」と藤原は言った。

彼の思う天才像について尋ねると藤原は、数名の数学者と物理学者、数名の作曲家と芸術家、映画監督を挙げ、彼等の残した足跡がいかに人類を豊かにしたのかを、かいつまんで水野に聞かせた。藤原が指す真の才能とは、学校教育とは対極に位置する、常識に囚われない自由な発想力に加え、それを具現化する能力も併せ持つことを意味していた。荒唐《こうとう》無稽《むけい》なことを言うだけなら、巷に溢れる芸人で用は足りる。天才とは、自らの想像した途方もない法螺《ほら》話が、論理的に正しいことを証明して初めて、そう評価されるべきだ、と藤原は言葉を継いだ。

藤原の言葉は、機知と理性と深い洞察に富み、なおかつそれを、人の興味を引くように話した。水野は感心して、説明上手なんですねえと褒めると、藤原は教員免許を持っているのだと明かした。二人の違いは、幅広い知識と経験に裏づけられた鋭く本質を見抜く知性にあり、早晩埋められる差ではないこ

とを水野は痛感した。と同時に、彼が浴びせる質問に面倒臭がることなく逐一答える藤原の誠実さに、深い敬意を覚えた。そして、そのような人物と巡り会う機会を与えてくれた長谷川に、水野は感謝した。

　研修出向二年目の多くの時間を割いて作成した、いわゆる「ぐりぐり動くゲーム」がどれほど煩雑なものであるのか、水野は自作して初めて理解できた。それ以前に彼がハックしてきたゲームは、演算結果を文字で表示するだけのものであり、画面表示自体はいくつかの簡単な処理で済んでいた。

　対して新作は、コンピューターの画面を画素単位で制御して絵を表示させ、さらにそこへ動きを与えることを目標としたため、気が遠くなるほど細かい工程が続いた。不明な事柄に突き当たってはネットで調べ、それでも解決できない箇所を藤原に相談し、読むべき本を仰いだ。通常業務や雑務に邪魔されてゲーム作りに専念できず、画面制御の部分を仕上げるだけでも一ヵ月以上を要した。さして実りのない泊まり込みの技術研修を受講し、自社での長谷川との面談も済ませると、夏の終わりに差しかかっていた。

　自分の意図どおりに画面が動くのを確認したとき、感極まった水野は思わず歓声を上げた。画面の中の世界には海と山と森があり、その花咲き鳥歌う草原を主人公が駆け巡る様子は、地球とは異なる生態系が息づく星の誕生を思わせた。主要部分が完成したその週のうちに、水野はノートパソコンを携えて藤原を酒に誘った。画面が動く様子を実演しつつ、それが完成したときの興奮を綿々と喋り続けると、藤原はいつものように相槌を打ちながら話を聞き続けた。

「神様になった気はしましたか」

「ええ、このあいだ藤原さんがおっしゃってたことの意味がわかりましたよ」

「地球が誕生して四十六億年。なのに水野さんは、たった四ヵ月程度で命うごめく星を作ったんです。これって凄いことだと思いませんか」

「そういう考え方もできるんですねえ。うん、確かに凄いかも」

「握手」

　そう言って差し出した手を水野が握ると、藤原は「神様連合」と付け足した。その言葉の奇妙な響きに、水野は吹き出した。藤原は水野のプログラムを見ながら、いくつかのテクニックや効率の良い数学的手法、データの扱い方などを助言した。どこをどうしたら良いのかを次々と指摘する藤原に、水野は感嘆した。

「私も過去にやったことですからね。それに、同じ本を読んでいるから、ポイントとなる箇所の見当がつくんです。あとは技

術の引き出しを当てはめるだけ」

「だけ、って簡単におっしゃいますけど、そういうもんなんですか」

「そういうもんです。数学の入試問題と同じですよ。設問のどの局面に、どの解法パターンを適用するのかを見極めれば、あとは計算するだけ。新しい公式を発見したり、定理を証明するのとは全く別の話です」

「数学が苦手な文学部出身の俺にもできますかね」

「できますよ。ストックする価値がありそうなパターンを抽出する目。持ち弾の使い所を見極める目。この二つを気にかけながらプログラムを組めば、誰でもできます」

「誰でも……」

「プログラムは書くものではなく、組むものです。複雑なものは単純なものの組み合わせとして捉える。これが鉄則」

藤原は、航空産業の例や物理学者の言葉も併せて聞かせた。そんな言葉の数々を、水野は目から鱗が落ちる思いで聞いていた。

その日を境に水野のプログラミングスタイルは一変した。勢いに任せてプログラムを書き連ねるスタイルから、パターンの抽出と適用を念頭に、プログラムを組み上げるスタイルへ。一日で書ける行数は数百程度に減った。その上、書いては組み直すことを繰り返したため、遅々として進展しないと感じることもあった。しかし、組み上がったものは短く整然として、リズムのようなものが生まれつつあった。日を置いて読み返すと、水野はさらなる改善案を思いつき、繰り返しアイディアを与えられたプログラムには、朧《おぼろ》げながらもうっすらとした美が漂っていた。すると、それまで苦行のように顔をしかめて耐えてきた就業時間が、小宇宙を構築する楽しい工作の時間のように思えてきた。叔父と藤原の言葉を実感した瞬間だった。

集中力の酷使と頭痛の日々は続いた。が、充実の末に訪れる疲労に不快感はなかった。自室で爪弾《つまび》くアコースティックギターの穏やかな音色と、香り高くフルーティーで芯の通った一杯のバーボンは、水野に喜びと安らぎをもたらした。

音楽の好みも徐々に移り、水野はジャズやフュージョンの複雑玄妙なコード進行とリズム、変拍子と即興を楽しむようになった。ライブでは受動一辺倒になることなく、奏者の調子、緩急強弱のつけ方、ハーモニーのバランスなどを味わった。日常とかけ離れた料理に接する際には、味や香、温度、器との調和を過去の体験と比較して、皿に込められた創意と工夫を探った。文芸創作から遠ざかっていたが、朝の通勤、行楽時の移動には、お気に入りの十数冊を代わるがわるポケットに忍ばせて、飽きることなく読み返した。本を新たに買う機会は減

り、己の嗜好《しこう》が固まりつつあるのを水野は感じていた。

　自分の仕事を何度も見直し、ゲーム制作を続けるうちに年が明け、次年度モデルの計画が発表された。水野が一年間待ち望んだフルモデルチェンジだった。新規採用部品のデータシートを読む限り、設計をゼロからやり直す必要性を感じた。前年、検討した、担当部位に関する統廃合計画を実現すべく、水野は十項目にも及ぶ利点を図表にまとめて、プロジェクトリーダーに提案した。

　一週間待った回答は否だった。ソフトウェアの基本的なシステム構造を現状維持し、新規部品に対応するプログラムのみを作り直す、との裁決が下された。水野は他社から派遣された一兵卒に等しく、決定権は大本営たる派遣先の会社にある。軍隊で起こりえないことは、縦社会の象徴たる大企業でも起こらないのが現実なのだ。無能な司令官が立案する無謀な作戦の下、死地へ赴き玉砕する名もなき傭兵と自分を重ね、水野は遣る瀬ない気持ちのまま次期モデルの事前検討を始めた。

　本当の悲しみは二月に、馬鹿らしい出来事は三月に訪れた。

　その日の目標を成し遂げ、帰り支度をしていた二月の晩、水野の許にやってきた藤原は、一杯やりませんかと声をかけた。

道塗を見上げると、冷たいからっ風に晒された星々が身震いするように瞬き、西へ傾くオリオンの頭《こうべ》が垂れていた。普段より遅いペースで歩を進め、言葉少なげな様子から、藤原の身に何かが起きたという予感があった。席に着き、燗《かん》が運ばれるタイミングを見計らって、何かあったんですかと切り出した。

「四月から本社へ戻ることになったんです」

「良かったじゃないですか」

「良いといえば良いのですが、残念といえば残念です」

「何が残念なんですか」

「同志とお別れだからですよ、水野さん」

「俺ですか」

「近々《きんきん》の水野さんのコード、良いじゃないですか。この一年で目覚ましい進化を遂げましたね。ボトムアップが丁寧に積まれていて、データを見直し、無駄なコードを減らす工夫も随所に見られて、わかってるなあと感心しました。本社の連中に水野さんの爪の垢を煎じて飲ませてやりたい」

「藤原さんの爪のほうが良い出汁《だし》、取れますよ」

「給水タンクに細工しますかねえ」

　そう笑い合ったが、師に認められた矢先に離別する悲運を嘆いた。

「美しいプログラムを組むという高い志と、確かな腕を兼ね備えた人と、酒を酌み交わせなくなるのは本当に残念です」

「本社に戻るといっても新宿ですよね。うちの本社は品川で

すから、いつでも飲めるじゃないですか。まあ、定時で無理やり上がればの話ですけど。藤原さんのところも、帰るな、の空気まんまんなんでしょう」

「確かに、定時で帰った日には、嫌味の二つや三つや四つは飛んできますね。ところで、水野さんが本社に戻ったら、仕事が簡単すぎると感じるはずですよ。賭けてもいい」

「本当ですか」

「ええ、安物プログラマー十人分くらいの仕事量なら、楽にこなせると思います」と藤原は言った。

水野は半信半疑だったが、藤原の言葉の正確さを熟知しているだけに、そうなのかもしれないと嬉しくなった。しかし、本物のハッカーと共に仕事をできなくなる無念を思うと、水野の気持ちは複雑だった。四月以降の業務内容を尋ねると、社内の文章管理システムの開発に携わり、チームリーダーを務めるのだと藤原は言った。彼を祝福して送り出すしかないと水野は観念した。

三月の馬鹿らしい出来事は「年度総括ミーティング」なるものと共にやってきた。三十代半ばと思しき小太りのプログラマーが「仕事量の分配が不平等であり、ほとんどの人が毎晩遅くまで残業しているにもかかわらず、一部の人は毎日定時で上がっている」と鼻息荒げに喚《わめ》き立てたのだ。水野の知る限り「毎日定時で上がる人」は藤原と彼自身だけだった。なぜ自分達が速やかに仕事を片づけられるのか論破すべく、水野は意見を練った。藤原も同じことを考えているのだろうかと様子を窺うと、目が合った。藤原は微かに笑みを浮かべて肩をすくめると、ぷいと窓外に目を遣った。そんな大人の態度を崩さない藤原の姿を眺めていると、水野も馬鹿馬鹿しくなり、頬杖をついて黙り込んだ。馬耳東風の二人に気を悪くした件の男は、また一段と声を張り上げた。外はもう、春らしいのどかな光が降り注ぎ、綻びかけた桜の蕾《つぼみ》が微風に揺れる、うららかな陽気だというのに、この部屋に垂れ籠める、じめっとした閉塞感は何なのだろう、と水野はぼんやり考えた。

定時後、二人は街へ繰り出し、何もわかっていないお子様と取り合っても詮《せん》のないこと、と、会議室での出来事を肴《さかな》に杯を交わした。至福の時間は瞬く間に過ぎ、水野は独り、駅のプラットホームに立った。夜は、なお寒い。上り最終列車を待つ、まばらな人影も襟《えり》を立てている。酔った頭を揺さぶられる電車の中で酒席の会話を反芻《はんすう》していると、良いものも悪いものも分かち合えた喜びが、束の間、蘇り、早々失う痛みだけが後に残った。

藤原の最後の出勤日がやってきた。水野の出向初日に世話になった飯島も含めて、計四人が去ることになり、送別会が催

された。最後の一言を請われた藤原は「新機種の開発、頑張ってください。お世話になりました」と短く挨拶した。この日を最後とばかりに、二人はバーへ連れ立った。新機種の開発状況について水野が尋ねると、予想どおりの答えが返された。藤原はとうの昔に事前検討を済ませ、本開発で注意すべき事項も資料にまとめて後任者に引き継ぎ、自らはゲーム作りに専念していたのだった。水野は後任者氏の技量を把握していた。豚に真珠だと思った。藤原のチームメートでなかった恨めしさが水野の口を突いて出た。

「水野さんがこれ以上、暇になってどうするんです。優秀な新人が入らない限り、毎日定時で上がる人は、四月からは水野さん一人でしょう。顰蹙《ひんしゅく》を買いますよ」

「白い目は別にいいんです。ただ、藤原さんの置き土産をかっ攫《さら》われたのが悔しいんですよ」

「それは私だって、あとを託す人が水野さんだったら、とは思いましたよ。でもはっきり言って、水野さんが私のコードから学ぶことは、もう、ほとんどないですよ。もっと腕を磨きたいのなら、自分が作りたいものを作り、オープンソースを読み、新しい言語に挑戦すべきです」

　藤原の言葉に、水野はショットグラスを傾けながら黙って頷いた。互いに沈黙し、店内を流れる音楽に耳を傾けていると、そうそう、と藤原は鞄から本を取り出した。

「餞別《せんべつ》です」

「え？　俺、何も用意してませんよ」

「この本を隅から隅まで理解して実践すれば鬼に金棒。ま、私の遺言だと思って勉強してください。仕事の話はもうやめにして、音楽の話でもしましょう」と藤原は言った。

　本や歴史、数学、スポーツの話題など、取り留めもない会話と酒を楽しんでいるうちに夜が明けた。帰り際、薄暗い駅の改札で、近いうちにまた会いましょう、と握手を交わし、二人は別々の道へ歩き出した。

　研修出向の最後の年について水野が覚えていることは、ほとんどない。藤原の予言どおり、周囲のプログラマー達が新規採用部品に手を焼いているのを尻目に、水野は本開発を一気呵成に片づけて、毎日、定時で上がった。無論それは、彼の努力抜きには語れない。前機種の開発が終わり、皆が息抜きをしている時期に事前検討を済ませたのは前述のとおりである。本開発の初頭では、まとまった時間を確保するために早朝出勤をして、業務に没頭した。関係者に迷惑をかけかねない重要な時期には独り、休日出勤をして仕上げたこともあった。終業のチャイムと同時に水野が帰宅できたのは、努力に値する褒美を受け取っていたにすぎなかったのだ。

にもかかわらず、周囲の目が冷ややかであったことを長谷川との面談でも告げられた。「毎日、五時に帰ってるんだって？」との問いに対して、水野はそれらのことを細かく説明した。歩合になるなら十人分の仕事をしますと彼が言うと、長谷川は渋面をこさえて、周囲の人ともうまくやれよと諭すのだった。プロフットボーラーが草サッカーチームに入ったところで連繋プレーなど不可能であり、プロが単身、ドリブルで斬り込んだほうが確実に得点できることは想像に難くない。ハッカーにはマネージメントなど不要であり、むしろ、悪影響を及ぼすだけなのだ。水野がどれだけ努力を重ね、結果を残しても査定は並にも届かず、彼の関心はますます職場から離れていった。

どの時期に何をすべきなのかを的確に把握し、安物プログラマーの数十分の一の時間で業務を成し遂げるハッカーに必要なものは、自主性、あらゆる意味での満足感、静かなオフィス、そして、他のハッカーである。水野にはチームプレーを否定する気持ちは一切なかった。ただ、箸にも棒にもかからない人畜無害な連中とかかわることに、うんざりしただけだった。フットボールのトップクラブの一員として、冴えたパスワークでライバルを圧倒することを、水野は願ったのだった。

彼を取り巻く全てのものを白けた思いで眺めていたその時期、水野は業務で手がけたプログラムに時限爆弾を仕込む誘惑に駆られたことがある。時計仕掛けでシステムを故意に暴走させ、内部データを破壊することなど、彼には造作もないことだった。俺もいよいよ焼きが回ったか、と魂を売りかけたとき、ハッカーとクラッカーは確かに似ていると水野は思った。コンピューターの性質を熟知して最高の性能を搾り出し、優秀かつ忠実なる下僕に仕立てるところまでは同じで、その能力の使い道だけが違うのだ。ルシフェル転じてサタンとなったように、ハッカーとクラッカーは興味という名の浸透膜を隔てて往き来しうる存在なのか。

そんな危うい思考に頭を巡らせていると、水野はバーで藤原から手渡された本のことを思い出した。その内容は極めて深遠で、何度読み返しても完全な理解には至らなかった。それでも、その底流に綴《つづ》られている真意、ハッキングの原点のようなものは理解できていたと水野は思う。しかし、藤原がその書物に本当に託したかったのは、水野が転落の道へ踏み入ることを危惧した、戒めの言葉ではなかったのか。プログラマーに三つの道、すなわち、創造へと続くハッカーの階段、破壊へ転がるクラッカーの坂、そして、惰性というプログラマーの平坦な道があるならば、迷わず第一の道を進むことを藤原は示唆しているのではないか。そう考えると水野は改めて、師の偉大さと自分の未熟さを思い知らされるのだった。

その後、邪念を抱くことなく、また、業務にほとんど時間を割くこともなく、ひたすら自分の勉強に明け暮れて、水野は研修出向を終えた。

水野が本社に戻ると、長谷川はすでに会社を去り、チームも解散していた。長谷川は技術の面でも人格の面でも、尊敬に値する人物ではなかった。その彼も人知れず、苦労や悩み、精神的・肉体的疲労を抱えていたのだった。ソフトウェア業界の異常な構造に使い捨てられた犠牲者が、また一人増え、ひっそりと姿を消したのかと思うと、水野はいたたまれない気持ちになった。

戻るべきチームを失った彼を待ち受けていた業務は、取引先から開発委託された流通管理システムの保守作業だった。全国展開された支所とデータセンターを結ぶネットワーク網をメンテナンスする業務である。納入して十数年が経過しており、老朽化した機器の入れ替えに伴って、プログラムを新機種に対応させる必要があった。また、支所の開設と閉鎖に伴うデータベースの更新作業も年に数回、受注していた。

水野が戻る二ヵ月前、ネットワーク網に重大な障害が発生した。その対応策を講じるための緊急チームが組まれ、仕事に取りかかろうとしていた矢先に彼が転属された。障害の原因は、データベースの更新作業中に発生した人為的ミスであり、一年以内に更新作業をコンピューターで自動化する、と手渡された資料は締め括っていた。水野は、流通管理システムの開発当初から携わってきた主任に詳細を尋ねた。

「初期データだけはコンピューターで自動生成してるんだけど、更新に関しては発注元から渡されるいろいろな指示書、つまりは紙をベースに進めるから、どうしても手作業に頼らざるをえないんだ」

「でもこの資料、更新作業の自動化とありますよ」

「指示書の一部は紙ではなく、表計算ソフトの電子ファイルだから、そこから手をつける予定なんだ。水野くん、表計算ソフト使える？」

「ええ、雑用でいろいろやらされましたからね。こんなところで役に立つとは思いませんでした」

「そうか、そいつは頼もしい」

「でも、その先はどうするんですか」

水野が発言したところに課長が口を挟んだ。

「自動化プログラムを作る過程で改善案を思いついたら、俺に上げてくれ。先方と協議するから。まずは、手作業がどんな感じなのかを把握してくれ。とにかく、この一年でなんとかするんだ」

理系の人間とは思えないその口振りに、水野は言い知れな

い不安を覚えた。

業務は案の定、悪戦苦闘した。手作業がどんな感じなのか、を水野が体験して把握したことは、流通管理システムそのものが一から十まで全部駄目であり、作業ミスが発生してしかるべき状況下にあるということだった。パッチワークのような基幹デザインをはじめとして、煩雑な操作を要する初期データ生成装置や、データ更新の作業手順書の不備にも悩まされた。加えて、統一されていない表計算ファイルの書式、放漫なデータ管理体制など、数え上げると切りがないほどの問題点を見出した。混迷した体制下にありながら、障害件数を低く抑え続けた作業員達を讃えたい気持ちだった。そのような惨状では、更新作業の一部を自動化したところで焼け石に水なのは明白だった。その一部の自動化ですら、現チームの許容範囲を超えた仕事量であると水野は推測した。何より、その案件における最大の問題点は、流通管理システムを保守運用する上での一貫した思想がなく、確固たる指揮系統を持たぬまま各工程を進めていることだった。ホースとホースの連結具が規格で統一されておらず、至る所で水漏れしている。水野はそんな印象を抱いた。そこに存在する無駄は、無駄な無駄であり、有意義な無駄が一つもなかった。

遊ぶときにきちんと遊び、ときには人生を無駄遣いしなければ、その両者の違いを理解することはできず、それを理解した者でなければ、本当の意味での実りある人生を送ることはできないのでは、なかろうか。恋愛や趣味、芸術、もしかしたら、放浪生活などというものも有意義な無駄として、その後の人生の肥やしとなるのかもしれない。研修出向中の業務しかり、復帰後の業務しかり、生真面目で官僚然とした機械作業は、ものづくりの喜びや、芸術的要素、遊び心とは無縁の肉体労働に等しい、と水野は思った。

延々と連なる工程表を相手に格闘を続け、心身共に疲れ果てた梅雨時のある日、水野は藤原から酒の席に誘われた。窒息するのを待つしかなかった状況下へ救いの手を差し伸べてくれた師に、水野は深く感謝した。

一軒目の居酒屋では、互いの近況や制作中のゲーム、最近接した本や音楽について語り合った。もう少し飲みたいですね、という水野の言葉に頷いた藤原は、彼が気分転換に利用するバーへ案内した。ピアノの生演奏が節度を保った音量で流れ、そこを訪れる人は皆、音楽を邪魔しないよう小声で語り合い、店の空気と酒と会話を楽しんでいるように見えた。外では雨が強弱を変えて降りしきり、窓を伝い流れる幾筋もの跡が街の明かりをきらめかせていた。カウンターに並んで腰かけ一杯目のショートを空け、二杯目のスコッチを傾けながら、水野

は今回の業務で感じた二種類の無駄について話し始めた。藤原は興味深げに聞き入り、話が終わるや、いつかそうしたように手を差し出し「握手」と言った。

「水野さんは同志ではなく、友達」

「藤原さんは俺にとって師匠なんですけどねえ」

「もう、独り立ちしてもいいでしょう」

「最後の日にバーでくださった本あったでしょう。あれ、何度読んでも飲み込めない箇所がいくつもあるんですよ」

「あれはいろいろな実地経験を積んで、ようやく理解できる類の本なんです。さっきはあえて言わなかったけど、今の水野さんの業務でなら、役立つ場面がありますよ」藤原は、その本から導き出される応用技術と使い所、加えて、読むべき本も具体的に助言した。「その仕事を成し遂げたとき、水野さんは安物プログラマー五十人分以上の仕事をこなせるようになってますよ。そうしたらもう、今度こそ本当に、私が教えられることは何もありません」

水野は涙をこぼした。その様子に気づいた藤原は、黙ってグラスを傾けるだけだった。

藤原が示した手法は、データを自動更新するプログラム自体をコンピューターに組ませるもので、コードジェネレーティングと呼ばれている。コンピュータープログラムが生成したプログラムに存在するバグ[*10]は極めて少ない。バグがあったとしても、ジェネレーター[*11]を一度、修正すれば、同種のバグを含むプログラムを生成することは二度とない。異なる作業を処理するためのプログラムを組ませる場合、その差異を生み出すデータをジェネレーターに与えることで、瞬時に生成できる。そのようにして組まれたプログラムは、表計算ファイルから更新指示内容を読み出しては既存のデータへ反映し、直ちに最新データを提供するのである。

半年かけて組み上げたコードジェネレーターは、水野の思考回路の一部をコピーした一つの人格のようだった。少々融通の利かない性格が作った当人に似て、水野は可笑しかった。知的存在を生み出した達成感は藤原の言葉そのままであり、彼への敬意と感謝を込めて、ジェネレーターに富士と名づけた。チームメートの担当部位まで瞬時に生成するに至っては、富士のプログラミング能力は人間の及ぶところではなかった。

最終的な成果も上首尾だった。富士がハックした自動更新プログラムは、数名の作業員が数日かけて行う更新作業を一分程度で片づけた。その上、自動更新プログラムは初期データの生成も可能だったため、現行体制のいくつかの工程を統合する計画まで視野に入れることができた。それらのリポートに併せ、自動更新プログラムを運用するにあたって人間側が

対処しなければならない数十の改善事項を図表にまとめて課長に渡し、水野は次なる目標に取りかかった。

上半期の成果は、更新指示が表計算ファイルで伝達される作業のみを自動化するものであり、全更新作業の一部分にすぎなかった。そこで水野は、流通管理システムの発注元から送付される全ての更新指示書を、ブラウザー[*12]の画面操作で代替する仕組みを検討した。

その案件において抜本的な改善を必要とする箇所は、紙を媒介とした「人（発注元）→人（自社）→コンピューター」の流れにあると水野は考えた。更新指示書自体の誤記、指示書を読む段階における誤解、指示内容をコンピューターが読み込めるかたちへ変換する過程での誤作業など、人為的ミスの入り込む余地が多すぎたのだ。現状の問題点と自動化改善案の要旨を課長に提出し、水野は直ちにプログラミングを開始した。改善提案書を書き進めるうちにゴールへと至る工程が頭の中で組み上がり、水野はプロジェクトの成功を確信した。

まずは、ブラウザー画面を構築するプログラムを組ませるための新たなコードジェネレーター。次に、画面操作結果をデータセンターへ送信するプログラムを組ませる三体目のジェネレーターに着手した。いくつかの新しいプログラミング言語を覚える必要があり、水野は朝から夕暮れまで、本とコンピューターを交互に睨みながら業務を進めた。ある程度の目処《めど》がつくと、データセンター側のプログラムも並行して作るようになった。センターでは、ブラウザーから送信された情報が妥当なものかを識別して、適切ならば情報を自動更新プログラムへ転送する。不適切ならば再入力を促すメッセージをブラウザーへ返信するのである。その仕組みであれば、発注元の担当者が一回、コンピューターに更新指示内容を入力するだけで、あらゆる更新作業が自動処理されるはずだった。

検討が佳境に入った三月、水野は、査定結果が並であることを告げられた。理由を課長に問い質《ただ》すと、自動更新プログラムが未稼働であること、下半期の成果がないことを告げられた。水野は後期にかくかくしかじかの検討をして、近日、デモが可能であることを主張した。また、完成から半年も経ているのにもかかわらず、自動更新プログラムがいまだ運用に至らないのは、管理職連中の怠慢であることを非難した。加えて、一年間を想定していた業務が半年で終わったのをよいことに、改善提案書の受理後、課長は一切の指示、一切の途中経過の報告要求すらしなかったことにも言及した。すると氏は「ことごとく受身になっていた水野が悪い」とのたもうたのだった。

理不尽な発言に絶句した水野は潮時を悟った。復帰後の全ての業務記録を消去して、辞表を叩きつけた。そのような場面は日常茶飯なのだろう、課長は驚いた様子を見せずに、検討結

果の引き渡しと、三体のコードジェネレーターに関する説明資料を要求した。

それらはすでに跡形もなくなったこと、自分は二度と会社に来ないことを告げて、水野は立ち去った。

二年前の同じ季節、年度総括ミーティングで的外れな非難を浴びたときと同じように、清々しい陽気と陰鬱《いんうつ》な気分が対で水野を包み込んだ。プログラミングの道を極めんと弛《たゆ》まず努力した結果、周囲の無理解を招き続けた不条理を嘆いた。長谷川のような事情で会社を去る者もいれば、自分のような事情で去る者もいるこの業界に、不信感を抱く者はどれほどいるのだろう。平坦な道を選ぶ者、詭道《きどう》伝いに富を得ようとする者ばかりを世に送り出す源流は学校教育なのか。あるいは、肥沃な温室で育った野菜達は、長く苦しい努力の階段の先に広がる甘美な花園を知る前に、自分に見切りをつけ、勝手に腐っているだけなのか。いずれにせよ、焦らず努力を続け、すてきな無駄を楽しみ、審美眼を養うことを諭す大人が少ないのは間違いない。次々と去来する思いに頭を巡らせながら、光と風が優しく頬を撫でる早春の街へ、水野は一歩、踏み出した。

高く上るにつれて青さを増す空に冬の色はなく、薄く刷いた羽毛のような雲が軽やかに舞っていた。あるものは重なり、またあるものは千切れ、別れ行き、さらなる高みへと舞い上がる。敷地の裏庭に杏の枝が見えた。昨夜、激しく窓を軋ませた風に耐え、咲き誇るのを待っている。いずれ香をおこし、皆を喜ばせることだろう。

水野は、会社を辞めたことで前途が閉ざされたとは微塵《みじん》も思わなかった。その一年間、さまざまな技術的課題を克服してゆくうちに、それらの解法と原理は本質的にどれも同じであることに気づいたからだ。今後、どのような仕事に携わり、どのような困難が待ち構えていたとしても、これまでと同じ努力を繰り返すことで乗り越えられる確信があった。

まずは藤原に報告しようと水野は思った。これまでの人生とは全く別の道が拓ける予感が彼にはあった。

【字句解説】

『アンカー英和辞典』『http://www.alc.co.jp/』『http://ja.wikipedia.org/wiki/』等の抜粋です。

＊1）クラッキング（cracking）：システムのセキュリティーを破って侵入すること。

–crack（他動）：〔強盗がドア・窓・壁を破壊して建物の中〕に押し入る/〔金庫・パスワードなどを〕破る/〔暗号を〕解読［解明］する/〔ソフトウェアのコピープロテクトを〕外す

＊2）ハッキング(hacking)：原理原則や既存のものから飛躍した独創的な解を得ること。独創が裏目に出た場合でも皮肉を込めてハッキングと揶揄される。

–hack（他動）：コンピューターを使って仕事をする［遊ぶ］

＊3）アルゴリズム(algorithm)：数学的な問題を解くための一連の手順。

＊4）再帰：自分自身を参照するアルゴリズム。警官の捜査も再帰である。(1)その犯罪について知っているのかを尋問する。(2)その犯罪について情報を持っていそうな人物に心当たりがないか尋ねる。(3)もしも心当たりがあるならば、その人物について尋問する。(4)『(3)』の人物を訪ねて『(1)』からやり直す。(引用：川合史朗監訳『ハッカーと画家』)

＊5）ソースコード（source code）、プログラム（program）：コンピューターに処理させたい仕事の手順をプログラミング言語で記述したもの。人の手に負えないほど長大で、こんがらがったコードはスパゲティと称される。世界に存在するプログラムの九割以上は、ぐちゃぐちゃにかき雑ぜられたミートソーススパゲティに等しい。

–source（名）：もと、源、起源

–code（名）：コード、プログラム

＊6）医療機器制御プログラムの不具合による死亡事故：放射線治療機 Therac-25 の事例では、少なくとも五人の死亡が報告されている。本件は高周電磁波の危険性を伝えると共に、まかり間違えば電子レンジでも同様の事故が発生する可能性を示唆している。

＊7）オープンソース（open source）：無料配布されるソースコード。著名な例として Linux カーネルがある。

–open（名）：〔情報など〕オープン［公］にする［なっている］こと

＊8）カーネル（kernel）：システムの『核』部分。マイクロソフト社 Windows 9x のカーネルが暴走しては、仕事がお釈迦になった事例は数知れない。

–kernel（名）：種子/中心部/核心

＊9）（デバイス）ドライバー（device driver）：コンピューターの周辺機器を制御するためのプログラム。

–device（名）：コンピューターの独立した機能を果たす装置で、周辺機器を指すことが多い

–drive（他動）：操縦する/〔人などを〕こき使う、酷使する

＊10）バグ（bug）：プログラム中の誤り。

＊11）（コード）ジェネレーター（code generator）：コンピューターにプログラムを組ませることを目的としたプログラム。

–generate（他動）：生成する/発生させる/作り出す

＊12）ブラウザー（browser）：インターネットでホームページを閲覧するためのソフトウェア。

著者紹介

斎藤 準（さいとう じゅん）

なんなの株式会社代表。
Lisp 振興会広報担当。
電機メーカー勤務を経て、2012 年より現職。
電気通信大学 情報工学科卒。
『√1』で第六回立川文学賞 佳作。『第六回「立川文学賞」作品集』を刊行（2016 年 けやき出版）。
『道楽学部 飲食科』を刊行（2018 年 幻冬舎）。

■装丁　*Novi*
［裏表紙はCreative Commons画像「Errare humanum est」を使用させていただきました（Credits参照）］

ハッカーと作家［中編小説『√1 付属』］

2021年11月30日　発行

著　者　斎藤　準（さいとう じゅん）©2021
発行者　富澤　昇
発行所　株式会社エスアイビー・アクセス
〒183-0015 東京都府中市清水が丘3-7-15
TEL: 042-334-6780／FAX: 042-352-7191
Web site: http://www.sibaccess.co.jp
発売元　株式会社星雲社（共同出版社・流通責任出版社）
〒112-0005 東京都文京区水道1-3-30
TEL: 03-3868-3275/FAX: 03-3868-6588
印刷製本　デジタル・オンデマンド出版センター

printed in Japan　ISBN 978-4-434-29800-4